我们的一生 总会坚持一些东西 放下一些东西

你的坚持
终将美好

希文 / 主编

中华工商联合出版社

图书在版编目（CIP）数据

你的坚持终将美好 / 希文主编． -- 北京：中华工商联合出版社，2021.1
ISBN 978-7-5158-2941-8

Ⅰ．①你… Ⅱ．①希… Ⅲ．①成功心理—通俗读物
Ⅳ．① B848.4-49

中国版本图书馆CIP数据核字（2020）第235840号

你的坚持终将美好

主　　编：	希　文
出 品 人：	李　梁
责任编辑：	效慧辉
装帧设计：	星客月客动漫设计有限公司
责任审读：	傅德华
责任印制：	迈致红
出版发行：	中华工商联合出版社有限责任公司
印　　刷：	北京毅峰迅捷印刷有限公司
版　　次：	2021年4月第1版
印　　次：	2021年4月第1次印刷
开　　本：	710mm×1000 mm　1/16
字　　数：	230千字
印　　张：	14
书　　号：	ISBN 978-7-5158-2941-8
定　　价：	58.00元

服务热线：010-58301130-0（前台）
销售热线：010-58302977（网店部）
　　　　　010-58302166（门店部）
　　　　　010-58302837（馆配部、新媒体部）
　　　　　010-58302813（团购部）

地址邮编：北京市西城区西环广场A座
　　　　　19-20层，100044
　　　　　http://www.chgslcbs.cn
投稿热线：010-58302907（总编室）
投稿邮箱：1621239583@qq.com

工商联版图书
版权所有　盗版必究

凡本社图书出现印装质量问题，
请与印务部联系。

联系电话：010-58302915

前言

人生中，有许多我们无法释怀的困惑。其中一个困惑就是"为什么我们的坚持总是换不来回报"？

面对这样的困惑，很多人只能用各种阿Q精神来安慰自己：或许别人都是靠关系上位的，别人天生就有好家境。更有甚者，直接把原因交给了宿命。

在这些人眼中，努力和坚持都是次要的，成功的决定性因素都在外部。

但事实果真如此吗？

当然不是。这个世界上靠白手起家的人实在是太多了，很多人和我们一样，没有人脉、没有出身，但还是能够收获美好人生。这又是为什么呢？

答案很简单，因为他们坚持下去了。

你或许也很努力，或许也能坚持。但扪心自问一下，你的努力是常态吗？你是一直在坚持吗？恐怕并没有。当你下定决心要学东西的时候，一年后、两年后，你还在坚持吗？恐怕并没有。

这就是真正的原因所在。

因为我们没有继续坚持下去，所以，我们等不来收获的那一天。

行百里者半九十，努力和坚持是没有终点的。就好比是一棵树，不管平时你多么悉心地照顾它，只要你没有坚持下去，它就可能随时夭折，自然也就结不出果实来。

其实，努力是一种状态，也是一个过程。我们任何时候都应该保持这个状态和过程。至于我们想要的美好，那只是在合适的时候才会出现的果实，只要时机成熟。

世上无难事，只要肯坚持。当你想要收获美好时就一定要记住，没有什么美好是速成的，你必须要有足够的耐心，足够的努力。

这本书就是告诉大家，坚持不是一件事，也不是一次性的付出，而是一个长期的过程。当你学会了坚持，你就学会了成功，最终，你的坚持也会成就你的美好。

目录

第一章 找对方向,你的坚持才有价值

努力之前要找准方向 /003

不要忘记下一个目标 /005

坚持你的目标不动摇 /008

找准你自己的定位 /011

"无头苍蝇"怎会赢 /014

有目标才有方向 /016

要坐就坐第一排 /019

敢于打破枷锁,成就精彩人生 /023

坚持方向,绝不迷茫 /026

没有航向的船,不可能顺风 /029

方向错了,停止就是进步 /032

方向不对,努力白费 /034

方向对了,努力才有意义 /037

你想要过一种什么样的生活 /040

知道自己该干什么与不该干什么 /042

第二章 不怕失败，坚持到底

失败后，你才能继续成功 /047

挫败中往往能走出强大 /049

失败最怕的就是坚韧 /052

成功都是坚持出来的 /054

恒心+毅力=成功 /058

傻坚持比不坚持好 /060

不苟且地坚持下去 /063

跌倒了要勇敢爬起来 /066

坚持就是胜利 /067

失败乃成功之母 /069

关键时刻再坚持一下 /072

成多大事，在于能坚持多久 /074

第三章 调整你的心态，用最好的心情去坚持

控制住情绪，你才能更有韧劲 /079

没有什么事可以让你烦恼 /082

只看结果不抱怨 /085

取舍是人生常态 /087

不要让事情左右你的心情 /089

笑一笑才是更好的状态 /092

换一种心态看待困难 /095

遇到不幸，只需坦然 /098

失意时也不要悲伤 /100

生活，还是要乐观 /103

打开你的心灵之门 /106

做个传播快乐的天使 /109

驾驭情绪的烈马 /111

别做"不幸"的制造商 /115

融化痛苦的冰川 /117

给自己一点心理补偿 /120

第四章 坚持你的计划，你就能收获美好

计划成就完美的人生 /125

贯彻计划需要你的专注力 /128

比别人能坚持，你就赢了 /132

坚守信念，让生命开花 /134

做事不可半途而废 /137

列一份生命清单 /139

做事就要做出效果 /142

坚持、坚持，再坚持 /145

给自己一个清晰的人生规划 /147

实现目标的行动计划 /150

计划要分轻重缓急 /152

不做无把握之事 /155

从容布好人生的局 /157

第五章 坚持行动，让自己成为人生强者

提升你的执行力 /161

说一百遍，不如去做一次 /164

坚持去做比什么都重要 /166

先走一步，你才能先发优势 /168

不要拖延，刻不容缓 /171

强者不找借口 /174

不再迟疑，立即行动 /177

让行动代替抱怨 /179

动起来，才会有惊喜 /182

心动不如马上行动 /184

只要行动，永远不晚 /188

第六章　坚持就是美好，成功都是熬出来的

勾践：卧薪尝胆熬出春秋五霸 /195

王永庆：寒门小子的坚持 /197

乔丹：篮球飞人源于坚持 /201

赖斯：国务卿是从丑小鸭变成的 /205

撒切尔：铁娘子的卑微 /208

鲁冠球：一年做一件大事 /210

刘永行：办法总比问题多 /213

第一章

找对方向,你的坚持才有价值

生活中，不乏这样的努力者：他们每天都扑在工作上，干最多的活，做最累的事，但收获往往却是最小的。为什么会这样？因为这些人很少想过，自己所做的努力是否是正确的，是否用对了方向。假如你连目标都没有，再努力也是瞎忙。所以，找对方向，你的坚持才有价值。

努力之前要找准方向

我们经常听人说，方向比汗水重要。这句话直截了当地告诉了我们，如果没有方向，再多的汗水可能都只是徒劳。这个世界上只顾埋头走路，不知抬头看路的人很多。于是乎，我们总能见到各种各样的赶路者：他们干劲十足，信心满满，却总是在最后迷失了方向。于是，一种奇怪的现象就出现了，这些人秉持"努力奋斗""不能浪费一秒钟"，努力地工作、忘我地奋斗，但最后成功却不属于他们。

这其中的原因就是"方向"。有的人只顾低头赶路，却不知道自己将要选择一条什么样的道路，自然，他们的许多努力也就变成了无用功。

方向对于我们的人生有着重要的指导作用，没有方向的努力，就好比一只被困在玻璃瓶中的昆虫，任凭它怎么扇动翅膀，最后也只能是在玻璃瓶中打转而已。

我们都知道南辕北辙的故事，而这个故事也让我们深刻地体会到方向的重要性——即使你跑得再快，哪怕百米成绩在 10 秒以内，但如果在比赛中跑错了方向，其结果如何，恐怕是谁都可以想象的。

贞观年间，长安城西的一家磨坊里，有一匹马和一头驴子。它们是好朋友，马在外面拉车，驴子在屋里拉磨。贞观三年，这匹马被玄奘大师选中，出发经西域前往印度取经。

17 年后，这匹马驮着佛经回到长安。它重到磨坊会见驴子朋友。老马谈起这次旅途的经历，那些神话般的境界，使驴子听了大为惊异。

驴子惊叹道："你有多么丰富的见闻呀！那么遥远的道路，我连想都不敢想。"

老马说："其实，我们跨过的距离是大体相等的，当我向西域前进的时候，你一步也没停止。不同的是，我和玄奘大师有一个遥远的目标，按照始终如一的方向前进，所以我们打开了一个广阔的世界。而你却被蒙住了眼睛，一生就围着磨盘打转，所以永远走不出这个狭隘的天地。"

我们的人生不正是如此吗？没有方向，就算我们再努力，再甘于吃苦，那也只是白费功夫而已。

其实不仅仅在生活中是这样，在人生的任何领域，都是方向比速度重要。

19 世纪，有一个医科大学毕业的应届生，他在为自己的将来烦恼：像自己这样医学专业的人无穷无数，面对残酷的择业竞争，我该怎么办？

一直以来，他都坚守着自己的方向——做一名医生。但去一个好医院就像千军万马过独木桥，难上加难。这个年轻人没有如愿地被当时著名的医院录用，他应聘到了一家效益不怎么好的医院。可这没有阻止他成为一位著名的医生，在这家平凡的医院成了一位不平凡的医生后，他还创立了驰名世界的约翰·霍普金斯医学院。

他就是威廉·奥斯拉。他在被牛津大学聘为医学教授时说："其实我很平凡，但我是脚踏实地在干。从一个小医生开始我就把医学当成了我毕生的事业。"

奥斯拉选准了自己的方向，所以就算他的起点比较低，他也能够创造出辉煌的事业来。

许多人在匆匆赶路的时候，记得静下心来问一问自己，这是我想要的方向吗？远方的目的地是我梦寐以求的重点吗？没有这些"扪心自问"，我们再努力，也可能只会获得一个糟糕的结果，一个我们不愿意去接受的结果。

所以，从现在开始，多问一问自己，倾听自己内心的声音吧，只有这样，我们才可以找到人生的方向，才会让我们的努力得到应有的回报。

不要忘记下一个目标

有这样一个现象：那些生活中的强者都是能够迅速果断作出决定的人，他们工作时总有一个明确的主要目标，他们都是把某种明确而特定的目标当作自己努力的重要推动之力。

强者说：如果一个人一辈子只做一件事情，那么用一辈子打磨的那件事情一定是件精品，或许会流传下去的。

自然，一辈子只做一件事情，需要很大的勇气，足够多的耐心，要耐得住寂寞。那样，你就要把眼睛死死地盯住你的目标。

古往今来，凡是有所作为的强者们，无不注重人生的理想、志向和目标。何谓目标？它犹如人生的太阳，驱散人们前进道路上的迷雾，照亮人生的路标。

德国昆虫学家法布尔这样劝告一些爱好广泛而收效甚微的青年，他用一块放大镜子示意说："把你的精力集中放到一个焦点去试一试，就像这块凸透镜一样。"这实际是他个人成功的经验之谈。他从年轻的时候起就专攻"昆虫"，甚至能够一动不动地趴在地上仔细观察昆虫长达几个小时。

我国著名气象学家竺可桢是目标聚焦的践行者，观察记录气象资料长达三四十年，直到临终的前一天，他还在病床上做了当天的气象记录。

怎样才能让眼睛不离开目标呢？

一是要确定目标，二是要明白自己的长处和短处，结合自己的情况，扬长避短。

我国著名的科普作家高士其在他人生的艰难征途上走过83个年头。从1928年他在芝加哥大学医学研究院的实验室做试验，小脑受到甲型脑炎病毒感染起，他同病魔顽强地斗争了整整60年。1939年全身瘫痪之前，他根据自己的健康状况和所拥有的较全面的医学、生物学知识，坚定地选择"科普"作为自己的事业。他是一位科学家，又成了一位杰出的科普作家和科普活动家。在全身瘫痪，手不能握笔，腿不能走路，连正常说话的能力也丧失，口授只有秘书听得懂的艰难情况下，从事科普创作50多年，用通俗的语言、生动的笔调、活泼的形式写了大量独具风格的科普作品。

目标聚焦，虽然方向正确、方法对头，但成功的机遇可能姗姗来迟。如果缺乏坚韧的意志，就会出现功败垂成的悲剧。生物学家巴斯德说过："告诉你使我达到目标的奥秘吧，我的唯一的力量就是我的坚持精神。"很多有成就事业的强者都是如此。如洪晟写作《长生殿》用9年，吴敬梓写作《儒林外史》用14年，阿·托尔斯泰写作《苦难的历程》用20年，列夫·托尔斯泰写作《战争与和平》用37年，司马迁写《史记》更是耗尽毕生精力，等等。我国古代著名医师程国彭在论述治学之道时所说的"思贵专一，不容浮躁者问津；学贵沉潜，不容浮躁者涉猎"，讲的就是这个道理。

驰名中外的舞蹈艺术家陈爱莲在回忆自己的成才道路时，也告诉人们"聚焦目标"的际遇："因为热爱舞蹈，我就准备一辈子为它受苦。在我的生活中，几乎没有什么'八小时'以内或以外的区别，更没有假日或非假日的区别。筋骨肌肉之苦，精神疲劳之苦，都因为我热爱舞蹈事业而产生。但是我也是幸福的。我把自己全部精力的焦点都对准在舞蹈事业上，心甘情愿为它吃苦，从而使我的生活也更为充实、多彩，心情更加舒畅、豁达。"

罗斯福总统夫人在本宁顿学院念书时，要在电讯业找一份工作，修几个学分。她父亲为她约好去见他的一个朋友——当时担任美图无线电公司董事长的萨尔洛夫将军。罗斯福夫人回忆说：将军问我想做哪种工作，我说随便吧。将军却对我说，没有一类工作叫"随便"。他目光逼人地提醒我说，成功的道路是目标铺成的！

记得著名哲学家黑格尔说过的一句话吧："一个有品格的人即是一

个有理智的人。由于他心中有确定的目标,并且坚定不移地以求达到他的目标……他必须如歌德所说,知道限制自己;反之,那些什么事情都想做的人,其实什么事都不能做,而终归于失败。"

强者会用眼睛盯住目标,用理智去战胜飘忽不定的兴趣,不见异思迁。正如美国作家马克·吐温所说:"人的思维是了不起的。只要专注某一项事业,那就一定会做出使自己都感到吃惊的成绩来。"

锁定一个目标,用眼睛盯住既定的目标,然后设法到达这个目标,当目标达到后,强者会锁定下一个目标。

坚持你的目标不动摇

世界上只有一种标是随风而动的,那就是风向标。如果将风向标比喻做人生,你就会发现它很累,六神无主、无所适从——它永远在风的控制下忙忙碌碌,摇摆不定。

对于像风向标一样生存的人来说,别人的言语、专家的论断、众口铄金的定律、游戏规则以及当下的潮流、市场形势等等都是不可抗拒的,他在这些影响下随波逐流,而没有自己真正的方向。

但对强者来说,却有着一个不可动摇的坐标。他们有自己的方向,决不会摇摆不定。他们始终如一,孜孜不倦,他们从不为潮流所迷惑,而是永不停步地照着自己的目标努力。

有个年轻人来到集市上,买了一只山羊,他牵着羊,走在街上。

几个骗子看见了,其中一个对他说:"你牵着这只狗干什么?"

"别开玩笑，这是一只山羊。"

他牵着没走几步，迎面又过来一个骗子。

"你为什么牵着狗哇？你要这狗干吗？"

"这是山羊！"他冒火了。

不过，他开始动摇了：会不会真是一条狗呢？他低头看看这只长着黑胡子的东西，狐疑：狗？这明摆着一只山羊嘛！不过……

又走了几步，他听见有人在喊："喂，小心，别让这条狗咬着！"

"天哪，我真糊涂！"这人终于大叫起来："我怎么会把它当成山羊买来啊！"他信了骗子的话，把山羊扔在大街上了，那几个骗子捉住山羊，吃了一顿烤羊肉。

当然，这是一个故事。但现实生活中常常会有这种情况：你要做一件事，拿到了一个好项目，决定做下去，然而，身边的人一致认为"不保险""不可为"。于是，你相信了他们的话，结果是你把一只肥羊当作瘦狗放掉了。

正所谓众智成愚，当你没有自己坚定的信念，而随别人的意见左右摆动时，只能让很多本来可行的事，莫名其妙地变成了"不行"。

罗杰·罗尔斯这位纽约州历史上第一位黑人州长，却是出生在纽约声名狼藉的大沙头贫民窟。在这儿出生的孩子，长大后很少有人获得较体面的职业。因为在大多数纽约人的眼中，这里的黑人，不是抢匪就是流氓。然而，罗杰·罗尔斯却是个例外，他不仅考入了大学，而且成了州长。在他就职的记者招待会上，罗尔斯对自己的奋斗史只字不提，他仅说了一个非常陌生的名字——皮尔·保罗。后来人们才知道，皮尔·保罗是他小学的一位校长。

1961年，皮尔·保罗被聘为诺必塔小学的董事兼校长。当时正值美国嬉皮士流行的时代。他走进大沙头诺必塔小学的时候，发现这儿的孩子无所事事，他们旷课、斗殴，甚至砸烂教室的黑板。当罗尔斯从窗台跳下，伸着小手走向讲台时，皮尔·保罗尔说："我一看你修长的小拇指就知道，将来你是纽约州的州长。"当时，罗尔斯大吃一惊，因为长这么大，只有他奶奶让他振奋过一次，说他可以成为5吨重的小船的船长。这一次皮尔·保罗先生竟说他可以成为纽约州州长，着实出乎他的意料。他记下了这句话，并且相信了它。从那天起纽约州州长就像一面旗帜，在他的生命中高高飘扬。他的衣服不再沾满泥土，他说话时也不再夹污言秽语。他开始挺直腰杆走路，他成了班长。在以后的40多年间，他没有一天不按州长的身份要求自己，并用自己的高尚行为处处影响黑人们的生活习惯。51岁那年，他真的成了州长。

他在就职演说中说："在这个世界上信念这东西任何人都可以免费获得，所有成功者最初都是从一个小小的信念开始的。"

历史上农民起义领袖陈胜一句"王侯将相宁有种乎"？给人们无穷无尽的启迪。两千多年来，不知有多少人，在这句真理的鼓舞下，成了影响一个时代的"王侯将相"。所谓"种"，对于现代人来讲，其实就是一种在信念支配下的精神与行为。

有了这种信念的支持，不只是强者，任何人都会有恒久的动力，指引着我们的人生走向成功。

坚定自己的目标，坚守自己的信念，无论何时，无论何事，都不会动摇，强者永远不会轻易改变自己的理想。

找准你自己的定位

关于成功者的特质,有一句话说得很有意思:"那些成功的人往往也是知道自己会成功的"。这话的言外之意是,那些没有获得成功的人在最开始的时候就没有认定自己一定会成功。

而"知道自己会成功"其实就是一种人生定位。

没错,一个人能否成功,在某种程度上取决于自己对自己的定位,从某种意义上来说,你给自己定位是什么,你就是什么,因为定位能决定人生,定位能改变一个人的命运。

为了使自己充分发展,进行全面准确的定位是至关重要的。一个人只有对自己的人生有了定位,他才能够了解自己的长处和短处。而那些成功的人都是根据自己的长处来规划人生的,他们知道自己的弱点和短处并会设法避开,从而如愿以偿。在人生的坐标系中,一个人用他的短处而不是长处来谋生的话,那是非常可怕的,他可能会在永久的自卑和失意中沉沦。所以说,一个了解自己人生定位的人在很大程度可以掌握自己的命运,决定自己的价值!

许多成就卓著的人士,他们的成功首先得益于他们充分了解自己的长处,根据自己的特长来进行定位或者重新定位,最终找准了真正属于自己的行业。

谁是李彦宏?百度公司董事长、总裁兼创始人。根据2007胡润IT富豪榜显示:李彦宏以180亿元身价成为IT首富(2007胡润百富榜排在第 29 名）。从 2000 年开始创业，几年的工夫，李彦宏依靠百度赚到了 180 亿元人民币。

"百度"如一条坚固、快捷、宽敞的船，不仅将李彦宏摆渡到了财富彼岸，还将同一条船上的人也一同捎了过去。2005 年 8 月 5 日，5 岁多的百度在美国的纳斯达克成功上市，狂升的股价于一夜之间让李彦宏拥有近百亿身价，并为他的公司造就了 7 个亿万富翁、51 个千万富翁、240 多个百万富翁。

李彦宏于 1968 年出生在山西阳泉，其父母都是普通工人。李彦宏有三个姐姐，一个妹妹。五个孩子的家庭，生活注定是拮据的，他的父母每天操心的是如何保证一家人能填饱肚皮。和那个时代所有同龄人一样，李彦宏平凡而又普通。

2006 年 12 月，李彦宏以互联网显贵的身份，参加了凤凰卫视的"鲁豫有约"。当主持人鲁豫请李彦宏给年轻人一个"最大的忠告"时，李彦宏是这样回答的：

"我觉得两条吧，第一条就是做自己喜欢做的事情，因为如果你做的事情你不喜欢的话，碰到困难你很有可能就退了，就放弃了就不去做了。第二条要做自己擅长做的事情。"

类似的话，在次年的一个公开场合里我们再次听到。2007 年 9 月，李彦宏到哈尔滨工业大学做演讲。面对莘莘学子，李彦宏解读自己的成功秘诀："我做的是自己喜欢的事情，我的工作就是我的生活……"

生活中，很多二十几岁的年轻人对自己的长处认识得还不够充分。例如，善于待人接物的人并不认为他们的特长与别人有什么区别；口才出众的人也不一定会想到这是自己身上的一个长处，有些时候，正是因为我们在生活中会不假思考地运用自己的特长，反而更容易忽视它们，不知道它们对自己有多么重要。这种人的失败，在于没有找准自己的位置，丢了自己的长处。

乔治毕业于法国一所著名的工程学院，毕业后，他毫不费力地找到了一份专业对口的工作。但是，几年后，他越干越力不从心。后来，他回忆说，当工程师需要一种严肃而自律的精神，但是，自己恰恰缺少这种精神。与此相反，他性格外向，富有亲和力，又特别喜欢四处活动。按部就班的工程师工作很难使他获得心灵上的满足，提高不了工作的积极性，无法在这个行业实现突破，所以，他很苦闷。在一次经济大萧条中，乔治被淘汰出局，成为一名失业者。这一次，他准备寻找一份适合自己的工作。抱着试试看的心态，他进入了一家工程销售公司，负责产品销售。结果他的特长得到了发挥，不到两年，他成为一名颇有成就的职业经理人。

长处是帮助自己实现成功的最好工具。如果一个人对自己的长处了解不够，所处位置不当，他就永远难以有所建树。反之，如果找到自己的长处，就会挖掘出自己无限的潜能，更容易取得成功。

我们现在生活在一个机会很多的时代。这些机会给了我们充分的自由，但同时也给我们带来了困惑。有很多人，抱怨不知道自己真正喜欢做什么。造成这种局面的原因是我们多年来压抑自己的喜好，忽略了自己的内在，总是有意无意中模仿他人，却忘记了真实的自我。

一个人竭尽全力去做一件事而没有成功，并不意味着他做任何事情都无法成功。要是他选择了不适合自己性格的职业，注定难以成功。莫里哀和伏尔泰都是失败的律师，但前者成了杰出的文学家，而后者成了伟大的启蒙思想家。只有当一个人选择了适合他的工作，找到了适合他的位置时，他才有可能获得成功。就像火车头一样，它只有在铁轨上才是强大的，一旦脱离轨道，它就寸步难行。

"无头苍蝇"怎会赢

曾经有人做过这样一个实验。

将一队毛毛虫放在花盆的边缘上，让它们排成一圈，首尾相连。这些毛毛虫开始爬动，犹如一个圆形队伍，不停地沿着花盆边行进，周而复始。接着，在毛毛虫队伍旁边放一些食物，只要这些毛毛虫旁顾一下，就可以吃到美食。用不了多久，这些毛毛虫肯定会厌倦毫无意义的爬行，调头爬向食物。但是，毛毛虫并没有像设想的那样，而是一直爬了七天七夜，直至饿死。

毛毛虫墨守成规，虽然一直在不停地前进，却没有一个明确的目标作为指引，只是周而复始地"转圈圈"，最后在自己的盲目中走向了死亡。其实，很多的年轻人，就像毛毛虫一样。他们工作起来很努力，却一直没有什么成果。他们自以为只要努力就会有所成就，却不知道盲目做事就是在做"无用功"。

我们知道，吃饭是为了充饥，喝水是为了解渴，穿衣是为了避寒，购房是为了住得舒适，买车是为了行得方便。但是，很多时候，我们却不清楚自己工作努力的目标是什么。这使我们犹如"没头苍蝇"一样，四处乱撞，因为目标不够明确，做出一些吃力不讨好的事情来。

在一个生产车间，师傅正全神贯注地工作，徒弟在一旁仔细观摩、学习。过了一会儿，师傅对徒弟说："你去给我拿一把管钳子来，我要……"师傅的话还没有说完，徒弟便一溜小跑，去了工具间。

过了半天，徒弟气喘吁吁地跑了回来，手里提着一把最大号的管钳子。师傅看了一眼，有点生气地说："谁让你拿这么大号的？"徒弟很不服气，心想："你又没告诉我拿多大的，难道我拿的不是管钳子吗？"

"快去换把小号的来，我要拧紧这个螺母，"师傅有些不耐烦地向下一指。徒弟一看，自己确实拿了一个不合适的工具。于是，徒弟只得再跑一趟工具间。

年轻的你务必尽早定下一个明确的目标。倘若你有了目标，找到了明确的方向，并且又能够定期去审视目标，自然就不会多走弯路。你会很自然地将目光从努力过程转移到努力结果上来。这时，你会发现，自己过去那种漫无目的的努力是何等的愚蠢，你就会不断督促自己向着目标前进。

实现人生的一切理想，努力当然不可缺，但是在行动之前，一定先弄清自己为什么而努力，什么才是自己真正想要的。

成功之道更像一场马拉松赛跑而不是百米冲刺，前100米领先者不一定就能成为全程的冠军，甚至都不可能跑完全程。在这遥远的征途上，你的准备和积累将会起到决定性的作用。如果你自觉先天不足而又已然踏上征程，那就更要格外注意随时给自己补充营养。

美国学者经过多次统计发现，人在退休以后，患病死亡的概率明显升高。心理学家分析：人在某一岗位上工作多年，工作就会成为他生活中的一部分，一旦失去，就会感觉丧失了生活的目标，甚至无法为自己找到活下去的理由。

如果年轻的你依然没有确定的目标，很容易就会迷失人生的方向，感觉人生毫无生机。不知道自己将来会驶向何方，在这种漫无目的的生活中，十年以后，你将会一无所获。

有目标才有方向

中国有句老话叫"船到桥头自然直"，这本是一句用来安慰身处困境或者逆境中人的一句话，但也被很多人解读为人生不需要急于寻找目标，只要耐心等待，目标总会出现的。

这种解读在特定环境下的确也有一定的道理。但这种"被动等待目标"的态度却是不可取的。因为目标是人生路上的指南针，一个人如果没有明确的目标，总是被动等待目标的出现，就会在不知不觉中走许多的弯路。

美国一位潜能大师有一句名言："成功等于目标，其他的一切都是这句话的注解。"目标，对于人生有导向性作用。你确立了做事的目标，并为此目标付出过，奋斗过，你就会成功。反之，没有目标，就没有发展的大方向，也没有成功的主动力，你就会失败。

哈佛大学曾做过一个非常著名的关于目标对人生所产生影响的跟踪调查，调查对象是一群智力、学历、环境等条件都差不多的年轻人，调查结果发现：

27%的人，没有目标；

60%的人，目标模糊；

10%的人，有清晰但比较短期的目标；

3%的人，有清晰且长期的目标。

25年的跟踪调查结果发现，他们的生活状况及分布现象十分有意思。

那些3%的人，25年来几乎都不曾更改过自己的人生目标，25年来他们都朝着同一个方向不懈地努力，25年后，他们几乎都成了社会各界的顶尖成功人士，他们中不乏行业领袖和社会精英。

那些10%有清晰短期目标者，大都生活在社会的中上层。他们的共同特点是：短期目标不断实现，生活状态稳步上升，成为各行各业的不可或缺的专业人才。如医生、律师、工程师、高级主管等等。

其中60%的模糊目标者，几乎都生活在社会的中下层，他们能安稳地生活与工作，但都没有什么特别的成就。

剩下27%是那些25年来都没有任何目标的人群，他们几乎都生活在社会的最底层。他们的生活都过得很不如意，常常失业靠社会救济，并且常常在抱怨他人、社会、人生。

每一个奋斗成才的人，无疑都会有一个选择，确定目标，正如空气、阳光之于生命那样，人生须臾不能离开目标的引导。有了目标，人们才会下定决心攻占事业高地，有了目标，深藏在内心的力量才会找到用武之地。

2016年春节，周星驰导演的《美人鱼》亮相各大影院，在不到一个月的时间内，《美人鱼》狂揽30亿票房，打破中国电影票房纪录，一时周星驰再度成为热门人物。

其实，周星驰的成长经历并不是一帆风顺的。在他成长时期，正好是李小龙当红的年代，李小龙的影片在当时可谓风靡一时，多少人为之痴迷，周星驰也是其中的一个。第一次在影片中看到李小龙挥洒中国功夫的时候，周星驰就入迷了。自此，成为像李小龙那样的武术家以及一个演员的梦想已在周星驰的心中生根发芽。随后，只要一有机会，他就会跑到附近的影院里看李小龙主演的影片，并开始朝着自己的目标奋斗。

随后，他报考香港无线电视台的演员训练班不幸落选。但这丝毫没有动摇周星驰的目标，反而促使他积极从第一次考试中总结经验，并再次报考了香港无线电视台演员训练班的夜间部，顺利成了无线电视第11期夜间训练班的学员。

之后被分配到与演员梦相差甚远的电台当主持人，周星驰仍不放弃对目标的追逐，当不了主演，就从跑龙套开始；可以当主演了，瘦小的形象演不了功夫片，就先从演"无厘头"喜剧开始；是卖座片大王可以拍自己想拍的电影了，可是主题晦涩票房不好，他选择暂时休息想想办法；找到利用特技包装影片的方法，并且票房大好有国外投资支持，周星驰终于等到了实现人生目标的时刻。

也许在年少的周星驰看来，想成为像李小龙一样的电影明星真的只是个梦，但是他却敢于追求自己的目标，让目标成为自己人生道路上的指南针，并努力朝着目标一步步前进。理想与现实的差距丝毫没有减退周星驰对未来的憧憬，更没有阻挡他朝目标奋斗的脚步。正是年少时给自己订立的目标，点燃了周星驰对生活的希望，为周星驰的人生指明了方向。对于这个目标，他没有因为自己被派去做儿童节目主持而放弃，更没有因为自己是个跑龙套的而放弃。为了实现自己的目标，二十年的等待、历练、挣扎、妥协都是值得的。正是这种目标使他的命运得以焕然一新，他对人生目标的不懈追求铸就了电影界的一个神话。

其实，人的心中拥有目标，便会使自己不太留意与之不相关的烦恼，不会与一些不相关的小麻烦斤斤计较。这会使你变得豁达开朗，我们需要提升生存的智慧，思考成功，追求卓越对人生的意义，人生的价值，人生的幸福等问题交出最完美的答卷，不甘平庸、崇尚奋斗、正是人生之歌的总旋律。

目标是成功的灯塔。成功是每一个追求者的热烈企盼和向往，是每一个奋斗者为之倾心的夙愿。目标是一种持久的愿望，是一种深藏在心底的潜意识。目标是信念志向的具体化。奋斗者一定要有梦想，并敢做"大梦"，梦想正是步入成功殿堂的动力源。

成功，在一开始仅仅是一个选择。不同的目标会有不同的人生。你选择什么样的目标，就会有什么样的成就，就会有什么样的人生。从现在开始，尽快寻找属于自己的目标吧，只有这样，我们才有人生的灯塔，才能够一步一步，离成功更近一些。

要坐就坐第一排

"永远都要坐第一排"的积极态度，是英国前首相玛格丽特·撒切尔夫人的一条人生经验，也是她取得巨大成就的关键。这位在英国政坛风云一时的女强人，在她的学生时代，养成了这种"永远都要坐第一排"

的人生态度。

20 世纪 30 年代，英国一个不出名的小镇里，有一个叫玛格丽特的姑娘，自小就受到严格的家庭教育。

父亲经常向她灌输这样的观点：无论做什么事情都要力争一流，永远坐在别人前头，而不能落后于人。

"即使坐公共汽车，你也要永远坐在前排。"父亲从来不允许她说"我不能"或"太难了"之类的话。

对于年幼的孩子来说，父亲的要求可能太高了。但他的教育在以后的年代里被证明是非常宝贵的。

正是因为从小就受到父亲的"残酷"教育，才培养了玛格丽特积极向上的决心和信心。

在以后的学习、生活或工作中，她时时牢记父亲的教导，总是抱着一往无前的精神和必胜的信念，尽自己最大的努力克服一切困难，做好每一件事情，事事必争一流，以自己的行动实践着"永远坐在前排"的誓言。

玛格丽特在上大学时，学校要求学 5 年的拉丁文课程。她凭着自己顽强的毅力和拼搏精神，硬是在一年内全部学完了。

令人难以置信的是，她的考试成绩竟然名列前茅。玛格丽特不光在学业上出类拔萃，体育、音乐、演讲也是学生中的佼佼者。

她当年的校长这样评价："她无疑是我们建校以来最优秀的学生，她总是雄心勃勃，每件事情都做得很出色。"

正是因为如此，40 多年以后，英国乃至整个欧洲政坛上才出现了一颗璀璨耀眼的明星，她就是连续 4 年当选英国保守党领袖，并于

1979年成为英国第一位女首相，雄踞政坛长达11年之久，被政界誉为"铁娘子"的玛格丽特·希尔达·撒切尔夫人。

她使英国在经济、文化和政治生活上都发生了巨大的变化。直到今天，撒切尔夫人对英国的影响力仍然存在，不只是在英国国内，就是在整个国际社会，她都被视为是一位强有力的领导人，她在很大程度上使得外界改变了对妇女的印象。

在这个人才辈出，竞争激烈的世界上，想坐在头一排的人不少，真正能坐在前排的人却不会很多。

许多人之所以不能坐到"前排"，就是因为他们把"坐在前排"仅仅当作一种人生理想，而没有真正付诸具体行动。

"你用不着跑在任何人后面！"一旦你从内心决定要得第一，那么你就会有更大的动力。你一定要学学理查·派迪和基安勒，相信自己是第一。一个连自己都不相信的人能指望别人相信吗？鼓舞你的人恰恰是你自己。

理查·派迪是运动史上赢得奖金最多的赛车选手。当他第一次赛完车回来向他母亲报告赛车的结果时，那情景对他的成功影响很大。

"妈！"他冲进家门叫道，"有35辆车手参加比赛，我跑第二。"

"你输了！"他母亲回答道。

"但，妈！"他抗议道，"您不认为我第一次就跑个第二是很好的事吗？特别是这么多辆车手参加比赛。"

"理查！"她严厉道，"你用不着跑在任何人后面！"

接下来的20年中，理查称霸赛车界。他的许多纪录到今天还没被打破。他从未忘记他母亲的教诲："理查，你用不着跑在任何人后面！"

在生活中你敢不敢说"我是第一"？回答这个问题并不困难。如果你渴望成为一个强者，请回答："当然，我就是第一。"如果想保持一点谦虚的绅士风度，你也可以回答："不是第一。"但要不失时机地补上一句："是并列第一"。

其实，永远都坐第一排就是强者的成功哲理，换句话说，就是他们对自己的生命拥有比你想象得更多的主宰权。

塞蒙顿医生是一位专门治疗晚期癌症病人的专科医生，他提起有一次治疗一位61岁喉癌病人的经过。当时，这名病人因为病情的影响，体重大幅下降，瘦到只有98磅（约合44公斤），癌细胞的扩散使得他无法进食。

塞蒙顿医生告诉这位患者，自己将会尽全力为他诊治，帮助他对抗恶疾。每天将治疗进度详细地告诉他，并清楚地讲述医疗小组治疗的情形，及他体内对治疗的反应，这使病人对病情得以充分了解，努力与医护人员合作。

结果治疗情形好得出奇。塞蒙顿医生认为这名患者实在是个理想的病人，因为他对医生的嘱咐完全配合，使得治疗过程进行得十分顺利。塞蒙顿医生叮嘱这名病人运用想象力，想象她体内的白细胞大军如何与顽固的癌细胞对抗，并最后战胜癌细胞的情景。结果两个星期之后，医疗小组果然抑制了癌细胞的破坏性，成功地战胜了癌症。对这个杰出的治疗成果，就边塞蒙顿医生也感到十分惊讶。

其实塞蒙顿医生是因为运用了心理疗法来治疗这名癌症病人，才获得了如此成功的疗效。他对患者说："你对自己的生命拥有比你想象得更多的主宰权，即使是像癌症这么难缠的恶疾，也能在你的掌握中。"

他继续说:"事实上,你可以运用这种心灵的力量,来决定你的生或死。甚至,如果你选择活下去,你还可以决定要什么样的生命品质。"

强者一向主张,当设定一个目标时,必须先在心里想象自己实现目标时的情境,描绘出一幅成功的景象,并随时将那幅景象摆在脑海中。如此,总有一天愿望就会变成现实。

一个蚕茧、一条毛毛虫和一只蝴蝶,如果去选择,同样是一生,你愿意当哪一种?一条虫?一个茧?还是飞上枝头的蝴蝶?可以明确地告诉你,强者会毫不犹豫地选择蝴蝶,因为只要你想做,你就能做到!

敢于打破枷锁,成就精彩人生

哲学家们曾经说过,世上没有两片完全相同的叶子。世上没有两个思想完全相同的人。思想是人类区别于其他动物的一大特点,也是一大优点,可以说,假如人类没有思想,就不可能创造出辉煌灿烂的文明来。

但对于我们普通人来说,思想又经常会变成一种枷锁,也就是我们常说的"思维枷锁",人一旦被这种枷锁困住,就很容易陷入被动的境地当中。

思维枷锁其实就是一种思维模式,它的最大特点是形式化结构和强大的惯性。当我们面临新情况新问题而需要开拓创新的时候,它就是一只"拦路虎"。正如法国生物学家贝尔纳所说:"妨碍人们学习的最大障碍,不是未知的东西,而是已知的东西。"

大多数人总是不自觉地沿着以往熟悉的方向和路径进行思考,而不会另辟新路。其实，一个人只要勇于打破他的思维枷锁，就很容易获得成功。

在《打工》杂志上，有一篇名为《聪明打工妹，我办"秧歌培训"年赚50万》的文章。文章讲述的是一个名叫王淑梅的在京打工妹，下班后的看见社区门口有一群扭秧歌中老年人——这事在城市里太司空见惯啦，她发现扭秧歌的人们非常业务。但生于农村、对扭秧歌有点认识的王淑梅觉察到了里面的"商机"。她辞掉了餐馆的工作，回乡下系统地学习了秧歌之后，于2005年回到京城当起了秧歌教练，把原汁原味的秧歌带到京城。现在的王淑梅，不单自己教秧歌，还聘请几个在扭秧歌方面很专业的老乡来京，把自己的秧歌培训做得红红火火，学员中甚至还有不少外国人。据作者介绍，目前，王淑梅已经拿出自己这两年办秧歌培训的钱在东城买了一处废弃的大厂房，经过装修后准备开一家"秧歌培训学校"。

王淑梅的故事平易近人。她的创业项目也无非是发现京城的中老年人的秧歌跳得太随意了，一般人看到不过是无动于衷或笑笑而已，但这个打工妹看到的却是一个金矿。

要想有大胆的创新思维，就要打破思维枷锁。既然要打破，就要知道它们的样子。头脑中的思维枷锁有许多种，其中与思维有关且有影响的有以下几种：

一、从众枷锁

例如，当你把一个经过深思熟虑的想法告诉一个朋友时，他说："你错了！"再告诉第二个朋友，还是说："你错了！"于是，你就会对自己产生怀疑："看来我确实是错了！"

二、权威枷锁

专家说："吃鱼有助于长寿。"我们就多吃鱼。专家说："人是由猿进化而来的。"我们相信了。我们对权威的话全盘接受,并不去考虑得出结论的理由。久而久之,权威枷锁形成了。

三、经验型枷锁

一位心理学家同时间问了100名高中生和100名幼儿园小朋友同一道题:某位举重运动员有了弟弟,但是这位弟弟却没有哥哥,这是怎么回事?测试结果令人吃惊,高中学生考虑时间和错误率都高于幼儿园小朋友。"经验"让高中生认为举重运动员是男性,而小朋友们没有这种"经验",因此不受它的束缚。

四、自我中心枷锁

人们总是习惯自觉或不自觉地按照自己的观点、立场和眼光去思考别人乃至整个世界,从而为自己套上了自我中心的枷锁。

五、求稳枷锁

人们在内心深处不敢冒险,希望一切都按部就班,井然有序。于是"创新"之类的事就被抛诸九霄云外。

六、唯一答案枷锁

生活中的许多事情不止有一个大难,但我们很多人找到一个时,就终止寻找,创新自然无从说起。

当我们觉得自己思维陷入枷锁的时候,一定要认真地审时度势,敢于打破枷锁,重新找回自己,做自己思想的主人,也只有这样,我们才能够另辟蹊径,走上成功之路。

坚持方向，绝不迷茫

在微信、微博等网络平台异常火热的今天，晒自己的生活已经成为年轻人的一种时尚和潮流。许多人在社交媒体上晒自己出门旅游、享受美食的照片，也有人在上面转载一些休闲的生活方式。凡此种种，都表现出了人们对安逸生活的一种向往。

追求安逸的生活并没有错，我们现在努力奋斗也是为了将来能够过上安逸的生活。所以说，安逸的生活是每个人都想去拥有的，但"安逸"这个词语有太多的含义，也有太多的解读。

当安逸的生活给一部分人带来美好的生活享受时，一些人因为安逸可能丧失了斗志，迷失了方向，变得懒惰，没有上进心。

因此，我们认为，追求安逸的生活是对的，但千万不要让自己在安逸中丧失了奋斗的意志。在没有足够强大的实力时过早地享受安逸，只会让人变得越来越平庸。

关于安逸，有这样一个故事耐人寻味。

有一个人死后，在去阎罗殿的路上，遇见一座金碧辉煌的宫殿。宫殿的主人请求他留下来居住。

这个人说："我在人世间辛辛苦苦地忙碌了一辈子。我现在只想吃，只想睡。我讨厌工作。"

宫殿的主人很高兴地说："若是这样，那么世界上再也没有比我这里更适合你居住的了。我这里有山珍海味，你想吃什么就吃什么，不会有人来阻止你；我这里有舒服的床铺，你想睡多久就睡多久，不会有人来打扰你；而且，我保证没有任何事情需要你做。"

于是，这个人就住了下来。

开始一段日子，这个人吃了睡，睡了吃，感到非常安逸。渐渐的，他觉得有点寂寞和空虚，于是他就先见宫殿主人，抱怨道："这种每天吃吃睡睡的日子过久了也没有意思。我现在对这种生活已经提不起一点兴趣了，你能否为我找一份工作？"

宫殿的主人毫不犹豫地回答："对不起，我们这里从来就不曾有过工作。"

又过了几个月，这个人实在忍不住了，又去见宫殿的主人："这种日子我实在受不了了。如果你不给我工作，我宁愿去下地狱，也不要再住在这里了。"

宫殿的主人轻蔑地笑了："你以为这里是天堂吗？这里本来就是地狱啊！"

工作久了，忙碌久了，总想休息。闲久了，安逸久了，就总想工作。太安逸的生活就如同地狱，让你懒于思想、懒于奋斗。

那些终日游手好闲、无所事事、无论做什么都舍不得花力气的人是可怜的，因为他们本来也可以成为一个非凡的成功者，也可以抵达辉煌的顶峰。只是由于过分追求安逸，在安逸中变得懒惰了，到头来只能是一无所获。懒惰的习惯是万恶之源、是成功的天敌。如果一个人养成了懒惰的习惯，那么他就是踏上了一条与幸福相背离的道路。

罗马人有两条伟大的箴言，那就是"勤奋"与"功绩"，这也是罗马人征服世界的秘诀。任何一个从战场上胜利归来的将军都要走向田间。在罗马，最受人尊敬的工作就是农业生产。正是全体罗马人的勤奋，使这个国家逐渐变得富强。

但是，当财富和奴隶慢慢增多时，罗马人开始觉得劳动不再重要了。于是，安逸的生活导致罪犯增多、腐败滋生，这个国家开始走向衰败，一个伟大的帝国就这样消失了。

过度安逸给人的最大影响是会让人迷失自己的目标。

乐不思蜀的故事想必大家都听说过。这个成语的主人公是三国时期蜀汉后主刘禅，也就是人们常说的"阿斗"。

在阿斗当上皇帝之后，任用诸葛亮、蒋琬等文臣，时刻以"北伐中原，匡扶汉室"为目标。其间，诸葛亮多次北伐，最后都以失败而告终。此时阿斗也明白，蜀国国力最弱，如果不能够通过北伐争取更多的领土和战略缓冲地带，一定难以长久。

而在诸葛亮的治理下，蜀国的国力也日渐增强。这让魏国在很长一段时间内都不敢对蜀国发动正面进攻，再加上"东和孙吴"战略得到实施，蜀国有了盟友，三足鼎立的局面形成。

后来，诸葛亮在北伐途中去世，此时的刘禅尚有斗志，他感受到诸葛亮死后留下的巨大空缺，于是开始重用诸葛亮推荐的贤臣。诸葛亮死后，刘禅升蒋琬为大将军辅政，一方面让邓芝都领江州，继续维持吴蜀联盟。而南方，刘禅先后任命李恢、张翼、马忠为都督，恩威并施，抚平南蛮叛乱。

其间，刘禅甚至还主动派兵北伐，但随着政局平稳，国内和谐，阿斗的心态上产生了一些变化，在花天酒地中，他忘掉了父亲和诸葛亮交代的"北伐大计"，开始贪图享乐，重用宦官黄皓，整天花天酒地，不思进取。对姜维等人的北伐举动更多的是去阻挠和干涉。

直到公元263年，邓艾和钟会两路大军袭蜀，此时的刘禅仍然在一片歌舞升平之中，不思抵抗。等敌兵入境之时，直接率文武百官投降。蜀汉因此而亡。

过度安逸的生活让刘禅丧失了进取之心，迷失了方向，也最终导致了亡国。

其实，安逸是一种生活方式，在条件成熟的时候，选择安逸地生活也是无可厚非的。但安逸又是一个巨大的泥潭，在我们的人生立足未稳的时候选择安逸，只会让我们丧失奋斗的动力和奋斗的目标，最终迷失了自己，无法获得成功。所以，我们应该要提醒自己，在任何时候都不要因为贪图安逸而迷失了方向，让自己沦为平庸之辈。

没有航向的船，不可能顺风

莱辛说："走得最慢的人，只要他不丧失目标，也比漫无目的地徘徊的人走得快。"这就是说，做任何事都不能没有目标，没有目标就会丧失方向，做起事来就会带有盲目性，结果可能是花了许多无用功。目标能使你产生信心、勇气和胆量，还能使你看清使命，产生动力。同时，目标有助于你分清轻重缓急，把握重点。成功的道路，是一个个目标铺成的。没有目标，哪儿来的劲头？有了前进的目标，一个人才会最大可能地发挥自己的潜力，主宰自己的命运。

如果有人问，成功的定义是什么？我认为就是达到预期的目标。照这样理解的话，目标就是我们做事的方向。有了目标，我们做事就有了热情，有了积极性，有了使命感和成就感。有了目标，我们就会知道自己该做什么事，不该做什么事。

有人通过调查研究结果表明，那些具有清晰且长远目标的人，几十年来都不曾改变过自己的人生目标。他们怀着自己的人生梦想，朝着一个方向不断地努力，最后他们几乎都成了社会各界的成功人士，有创业者、社会精英等。

目标对人生的影响深远，树立目标是实现梦想的重要步骤。如果一艘轮船在大海中失去了舵手，在海上打转，很快就会耗尽燃料，无论如何也达不到岸边。如果一个人没有明确的目标和为实现这一明确的目标而制定的计划，不管他如何努力工作，都会像失去方向的轮船。

从前有一位商人，在翻越一座山时，遭遇了一个拦路抢劫的山匪。商人立即逃跑，但山匪穷追不舍，走投无路时，商人钻进了一个山洞。山匪也追进洞里。在洞的深处，商人未能逃过山匪的追逐，黑暗中，他被山匪逮住了，遭到一顿毒打，身上的钱财，包括一把准备为夜间照明用的火把，都被山匪掳去了，幸好山匪并没有要他的命。之后，两个人各自寻找着洞的出口。这山洞极深极黑，且洞中有洞，纵横交错。

山匪将抢来的火把点燃，他能看清脚下的石块，能看清周围的石壁，因而他不会碰壁，不会被石块绊倒，但是，他走来走去，就是走不出这个洞。最终，他力竭而死。

商人失去了火把，没有了照明，他在黑暗中摸索行走的十分艰辛，他不时碰壁，不时被石块绊倒。但是，正因为他置身于一片黑暗之中，所以他的眼睛能够敏锐地感受到洞口透进来的微光，他就迎着这缕微光摸索爬行，经过努力最终逃离了黑洞。

没有火把照明的人最终走出了黑暗，而有火把照明的人却永远葬身于黑暗之中。这说明了什么？这说明了一个道理：决定你成功的，不在于你拥有什么，而是在于你能否在黑暗中始终把握自己前进的方向。只有沿着正确的方向努力才能获得成功，否则都只能是徒劳。

法拉第是一位英国物理学家、化学家，也是著名的自学成才的科学家。他的成功，首先在于给自己确立了一个奋斗目标。

法拉第在22岁那年到英国皇家研究院当了一名助手，干一些洗烧杯、试管、准备实验用品等琐碎事情。一天晚上，法拉第看丹麦物理学家奥斯特的一篇文章，里面写道：他在做实验的时候偶然发现，一段导线，用电池通上电流后，能使附近的磁针摆动。法拉第怀着极大的兴趣，找到电池、导线、磁针，自己也做了这个实验。简直像"魔术"一样，导线一通上电流，导线附近的磁针就像有一只无形的手在拨动，灵活地偏向一边。更有趣的是，通电导线放在磁针上面，磁针偏向一边，放在下面，磁针又偏向另一边了。法拉第被这个奇特的现象迷住了。他浮想翩翩："电能够使磁针转动，磁可不可以产生电呢？"

有些事翻过来想一想会让人进入另一种境界，法拉第是一个认真而又善于联想的人，当即他就在笔记本写下了"磁转化为电"几个字。就像在迷雾中的航船，突然看到灯塔的闪光一样，法拉第产生这个想法，就把它定为自己的奋斗目标。

有一天，法拉第把铜线缠在一个圆筒上，把铜线的两端接在电流计上，然后又把一根磁石插入筒内，万万没有想到，刚一插入，电流计的指针动了一下，他匆忙把磁石抽出来，意外的是电流计又动了一下，他简直不相信自己的眼睛，总以为电流计出了什么毛病，于是，他把磁石在铜丝筒内不断移动拔出，一连做了好几次，电流计确实随着磁石在铜丝筒内不断来回摆动，他兴奋得像个孩子，欢呼、跳跃起来："成功了！电流产生了！"

不懈地努力，终于使美好的愿望变成了现实。法拉第做出了自己的结论："磁能变成电，这是确定无疑的！有了磁石，有了铜线圈再加上运动，电流就能产生出来。运动停止，电流也就随即消失了。"后来，法拉第根据自己实验的结果，发明了世界上第一台发电机。

无疑地，法拉第能在科学史上占有一席之地，就在于他发明了世界上第一台发电机，而这台发电机的问世，是他确立目标的产物。

居里夫妇在发现镭元素之前，连续四十八次实验都失败了，居里先生颇为泄气。居里夫人说："即使再过一百年才能找出这个元素，我只要活着一天，就绝不放弃这个实验。"结果当然是令人振奋的。

由此可知，明确的目标可以使生命变得单纯，同时使能力集中在某个焦点。柔和的阳光透过放大镜的焦距，可以立即倍增温度，甚至点燃木材。人的能力也需要凝聚、需要锤炼。

方向错了，停止就是进步

或许有人说："做事的速度很重要，我们要有速度，才能有更多的效率。"但是，你们是否想过：如果方向错了呢，再快的速度只能适得其反。

有一个聪明上进的男孩，从小热爱电影。在他 22 岁那年，他立志要成为这世界上最优秀的编剧。那以后，他发奋坚持每天尽可能多的阅读、写作。大学毕业后，他换过好几个工作：网站编辑、报社记者……辛勤的工作换来逐渐增多的薪水，和其他从学校毕业走上社会工作的青年一样。唯一不同的是，他一直没有忘记梦想，始终坚持文学创作。

机会终于来临了，他的好几个故事被一家电影公司看中，他顺理成章地进了那家电影公司工作，他终于搭上了那艘通往梦想的大船。没有几年，在一次电影颁奖典礼上，他便和一位著名导演一同站在了领奖台上。

我们在人生的旅途中，一定要正确认识自己，选准自己努力奋斗的方向，方向明确，即使前进的脚步较缓，那也是在通往去翡翠城的路上，也是一种对成功的积累；否则，方向不明，搞错了，背道而驰，离成功会越远。

有的人明明知道方向错了，别人也提醒他方向错了，却还要死钻牛角尖，结果呢？请看这个小寓言故事：

老鼠钻到牛角尖里去了。它跑不出来，却还拼命往里钻。

牛角对它说："朋友，请退出去，你越往里钻，路越狭了。"

老鼠生气地说："哼！我是百折不回的英雄，只有前进，决不后退的！"

"可是你的路走错了啊！"

"谢谢你。"老鼠还是坚持自己的意见，"我一生从来就是钻洞过日子的，怎么会错呢？"

不久，这位"英雄"便活活闷死在牛角尖里了。

所以，一位哲人讲：一个人最重要的不是他所取得的成绩、他所在的位置，而是他所朝的方向。

走路，要看清方向；开车，更要看清方向；人生，可不能来回换方向。如果你东西南北乱刮风，那你只能过昏天黑地的生活喽！

方向不对，努力白费

有些逆境并非你不够努力，也并非没有机会，而是你根本就上错了舞台。

你的才能就是你的天赋。你能做什么？这是你必须面对自己的问题。

如果一个人的位置不当，无法在工作中发挥自己的长处，他就会在永久的卑微和失意中沉沦。

"瓦特！我从来没有看见过像你这样无聊的年轻人。"他的祖母劝说着，"念书去吧，这样你才会有用一些。我看你半个多小时一个字也没念，你这些时间都在干什么？把茶壶盖揭开又盖上，盖上又揭开干什么？用茶盘压住蒸汽，还加上匙子，忙忙碌碌。浪费时间玩这些东西，你不觉得羞耻吗？"幸亏这位老夫人的劝说失败了。瓦特受蒸汽顶起壶盖现象的启发，从而发明了蒸汽机，全世界都从他的失败中受益不浅。

伽利略是被送去学医的。但当他被迫学习解剖学和生理学的时候，他还藏着欧几里得几何学和阿基米德数学，偷偷研究复杂的数学问题。当他从比萨教堂的钟摆上发现钟摆原理的时候，他才18岁。

再也没有什么比一个人热衷的事业使他受益更大的了。事业磨炼其肌体，增强其体质，促进其血液循环，敏锐其心智，纠正其判断，唤醒其潜在的才能，迸发其智慧，使其投入生活的竞赛中。

在你选择职业时，不要考虑怎样赚钱最多，怎样最能成名，你应该选择最能使你全力以赴的工作。

戴维·布朗，是美国成功的电影制片人，他曾先后三次被三家公司解雇过。他觉得自己不适合在商业销售的公司工作，就到好莱坞去碰运气。结果若干年后，一举成为20世纪福克斯电影公司的第二号人物，后来由于他力荐拍摄《埃及艳后》这一耗资巨大的影片造成公司财务危机，他被解雇了。

在纽约，他应聘出任美国图书馆副主任，但是，他跟上级派来的同僚格格不入，结果又被解雇了。

回到加利福尼亚后，他在20世纪福克斯公司复出，在高层干了6年。然而，董事会并不欣赏他所举荐的片子，他又一次被解雇了。

布朗开始对自己的逆境进行反思：敢想敢说，勇于冒险，锋芒毕露，不惮逞能——他的作为与其说是雇员，倒不如说更像老板，他恨透了碍手碍脚的管理委员会和公司智囊团。

找到了失败的原因以后，布朗重新开始独自创业经营，连续拍摄了《裁决》《茧》等一系列优秀影片，获得了巨大的名气与收益。由此可见，当年布朗并非失败的经理，他是个潜在的企业家。他当初的逆境是因为他的性格、作为跟环境及职业不协调。

三百六十行，行行出状元。选对自己为之拼搏的舞台极为重要。选对了，可以成为成就事业的基础；选不对，将会遇到不少弯路及坎坷。所以在确定职业之前，应该考虑你所从事的职业是否符合自己的志向、兴趣和爱好，与所学专业是否相近，还要考虑其社会意义和未来发展前景如何，必要的工作环境和保障条件如何。

首先认清现实的处境。现实需要生存的本领、竞争的技巧和制胜的捷径，要勇于面对社会无情的选择或残酷的淘汰。这时候，你在选择别人，别人也在选择你，没有退路，只有向前走。要认识到有成功者就有失败者，这很正常。千万不可争强好胜，钻进牛角尖出不来。遇到难题，不妨换一个角度思考，把自己的位置放低一点，说不定很快就能柳暗花明了。

其次要结合自己的兴趣。兴趣，是一个人力求认识、掌握某种事物、并经常参与该种活动的心理倾向，有时候，兴趣还是学习或工作的动力。当人们对某种职业感兴趣，就会对该种职业活动表现出肯定的态度，就能在职业活动中调动正面心理活动，表现出开拓进取、刻苦钻研、努力工作，有助于事业的成功。反之，如果对某种职业不感兴趣，硬要强迫自己做不愿做的工作，这无疑是一种对精力、才能的浪费，无益于工作的进步。

最后要根据自己的能力。能力直接影响工作的效率，是工作顺利完成的个性心理特征。它可以分为一般能力和特殊能力。例如，观察力、记忆力、理解力、注意力等属于一般能力，它们存在于广泛的工作范围；而节奏感、色彩鉴别能力等属于特殊能力，它们只会在特殊领域内发生作用。社会上的任何一种职业对从业人员的能力都有一定的要求，如果缺乏某种职业所要求的特殊能力，即使你有机会，也难以胜任。所以，在选择职业时绝不能好高骛远或单从兴趣出发，要实事求是地检验一下自己的能力，这样才能找到"有用武之地"的合适工作。对于会计、出纳、统计等职业，工作者必须有较强的计算能力，过于"豪放"的"粗放能力"就不适于干这类工作；对于工程、设计、建筑规划甚至裁缝、电工、木工、修理工等职业的工作者，需要具备对空间判断的能力和抽象思维能力；而对于驾驶员、飞行员、牙科医生、外科医生、雕刻家、运动员、舞蹈家等职业工作者则要具备手眼与肢体的协调能力。

男怕入错行，女怕嫁错郎。上错了舞台的人，无论怎样卖力地表演，都演不出一出好戏。

方向对了，努力才有意义

每个人在给自己定位的时候，容易对主客观条件认识不清，从而选错了方向。有时也容易受外界的影响，从而选错了职业。有的人本该有更大的作为，却因为听从了他人的建议，而选择了一个在世人眼中不错，可却不适合自己的工作，结果导致英雄无用武之地，真正的本事没法施展出来，甚至随岁月的流逝慢慢地遗忘殆尽，变得与庸人无异了。

阿辉是某名牌大学的研究生，学的是计算机专业，毕业时一家国有企业执意要招收他，另外也有几家外资企业要网罗他，但他都不肯。他通过一番努力，进入某单位做数据统计工作。他满心欢喜，对新工作充满了热情和向往。

他生性奔放热情，活泼好动，擅长各种球类活动，在计算机的软件开发与应用方面更是无所不精。但职位却把他安排在大量数据的统计、整理之中。时间一长，他最初的热情逐渐消退了，变得心灰意冷起来。

由于工作不断出现差错，受到了主管领导的严肃批评。几年下来，他原来的专业知识非但没有派上什么用场，而且渐渐忘干净了，枯燥无味的工作又使他感到十分烦闷。当他得知当年的不少同窗好友取得了可观的成绩，有的成为机关业务骨干；有的有了自己的公司；有的则在国有企业中担任管理者时，他这位当年的计算机专业的高才生百感交集。虽然他也想过要调动工作，但专业知识已经难以补救了。又过了几年，由于他工作无甚起色而被迫下岗了，此时他才深刻地体会到"一着不慎，满盘皆输"的道理。

人最容易受外界左右，走上一条由他人指定的道路。这对于任何人而言都是一种悲哀。一踏入职场，最需要懂得的是，要清楚自己的目标，最需要做的是，坚持自己的方向。这样才不会迷茫不知所措。

你最需要弄清的是，你所做的事情究竟是不是最适合自己的？因为走在正确的道路上，即使走得慢些，你依然是在向自己的目标前进；而如果走在错误的道路上，就算你步履匆匆、一刻不停，也只是让自己越来越偏离目标。所以，很有必要把思考当成自己每日的必修课：思考自己的方向是否正确？每天做了什么，比昨天有没有进步？是否虚度了光阴？如果目标不适合自己，就要勇于放弃，并适时转弯，努力去做更适合的事。

华裔科学家、诺贝尔奖获得者杨振宁的成就，源于他的明智选择。杨振宁赴美留学后，立志要撰写一篇实验物理论文。于是，由费米教授引导，他跟有"美国氢弹之父"之誉的泰勒博士做实验。在实验室工作的一年多，杨振宁成为实验室的人笑话的对象："凡是有爆炸的地方，就一定有杨振宁！"杨振宁不得不正视自己：动手能力比别人差！

在泰勒博士的关怀及引导下，经过慎重的考虑，杨振宁放弃了写实验论文的打算。毅然把主攻方向调整到理论物理研究上，最终成为物理界杰出人士。假如他一条道走到黑，恐怕至今还默默无闻呢。

在现实生活中，确实有一些人在做着无意义的坚持，就因为走错了方向，结果每每走进死胡同，把大好的年华白白浪费掉了。在人生的关键时刻，执着固然不可缺，但转换方向有时更会有别样收获。

我们要想使自己有所发展，就要及时调整自己的方向，然后给自己准确定位。

想要求得职业大发展，制定自我发展路线是非常重要而且必要的。那么，如何制定职业规划呢？

首先要计划一下自己职业发展的大致路线。此时最应该想明白这样两个问题：你想往哪一路线发展？能往哪一路线发展？

想往哪一路线发展，关系到职业目标的设定。即，是向行政管理路线发展，还是向专业技术路线发展；是先走技术路线，再转向行政管理路线……由于发展路线不同，对职业发展的要求也不相同。职业目标的设定，是职业规划的关键点。抉择目标前，应先进行自我评估，然后才能作出最佳抉择。自我评估包括自己的兴趣、特长、性格、学识、技能、智商、情商、思维方式，等等。

能往哪一路线发展？指的是职业目标的设定要受到环境因素的影响和制约。

每个人都处在一定的环境之中，包括社会环境、政治环境、经济环境等。离开了具体环境，便无法生存与发展。所以，在确立职业目标时，要考虑环境条件的特点、环境的发展变化情况，要分析自己与环境的关系、自己在此环境中的有利与不利条件等。只有充分了解环境因素，才能趋利避害，使自己的职业规划具有实际意义。

对以上两个问题，要进行综合分析，以此确定自己的最佳职业发展路线。

在作出职业规划后，使自己的工作、学习以及各种行动沿着预定的方向前进，才可能会有好结果。假如你朝着选择的方向前进，努力了，奋斗了，付出了，可始终没能取得好结果。你可能会有所埋怨，可你是否能停下来想想，看看脚下的方向？我们必须明白一点：一如既往的执着，与经常性的反思是不矛盾的。我们应及时让事业之车停下来，从车上下来，喝一杯茶，想一想，或者问一问。要知道，在错误的方向上永远无法走出正确的道路，不管你多么勤奋和坚持。

你想要过一种什么样的生活

当炒股热遍布全国时，你奋不顾身地跳入股海；当出国镀金风头正健时，你挤破头也要走出国门；当公务员热兴起时，你又忙着去考公务员……忙忙碌碌的生活，看似充实，实则苍白不堪。

忙碌之余，我们真应该聆听一下自己内心的声音。如果你所追求的并非你所真正想要的，而且它也不能给你带来快乐与满足，那么又何必费尽心思去随波逐流呢？

世界上没有两片相同的叶子，更没有一个人与别人完全一样。认真做自己，就必须找到你与他人不一样的地方，即自己的独特之处。而且，这种发掘还不能依靠他人，只能靠自己去寻找，因为谁也不会比你更懂得自己。

我认识一位小学老师，从大学毕业后就想要教书，但是因为不是师范系统的大学毕业生，当时并没有找到教书的机会，随后便到日本留学。刚回国时，她一时还找不到教职，就到一家公司担任日文翻译，很得老板的信任，待遇也相当好，但是她仍不放弃教书的念头。后来她去参加教师资格考试，考取后立刻辞去了翻译的工作。

教书的薪水肯定要比翻译少很多，因此很多人都不理解她的行为。可是她很坚定地说："我就是喜欢小孩子，也喜欢当一个老师。"

有一回我碰到她，问她近来如何。她马上很兴奋地告诉我："今天刚上过体育课。我也跟小朋友一起爬竹竿，我几乎爬不上去，全班的小朋友在底下喊：'老师加油！老师加油！'我终于爬上去了，这是我自己当学生的时候想做都做不到的事呢。"

这是一个多么快乐的好老师。而如果她因为薪水或是其他因素而违背了自己的愿望，选择做个翻译或者其他"更好"的工作，那她还会不会这么快乐呢？

每个人都在追求成功，那么你如何为"成功"下定义？很多人以为成功与否是由别人来评价的，实际上，成功与否只能由你自己做评判。绝对不要让其他人来定义你的成功，只有你能决定你要成为一个什么样的人、做什么样的事；只有你知道什么能使你满足、什么令你有成就感。

有很多人抱怨不知道自己真正喜欢做什么，造成这种局面的原因是他们多年来压抑了自己的愿望，忽略了自己的内在感受，他们总是急于模仿他人的成功方式，却忘记了真实的自我。

这些不了解自己的人是不可能做自己命运的舵手的。古语说："知人者智，知己者强。"如果你对自己该做什么非常清楚，你的愿望又极端明确，那么使你成功的条件很快就会出现。不过遗憾的是，对自己的愿望特别清楚的人并不是很多。我们需要清楚地了解自己的雄心壮志和愿望，并使它们在自己的内心逐渐明晰起来。

知道自己该干什么与不该干什么

一个人成年之后，要做出一生中最重要的一个决定。这个决定将改变自己的一生，影响自己的幸福、收入和健康，这个决定可能造就自己，也可能毁灭自己。这个重大决定就是你将如何从事你的第一份工作？也就是说，你准备干什么，是做一名工人、邮递员、化学家、警察、办事员、兽医、大学教授，还是去做一个商人？

对有些人来说，做出这个重大决定通常就像在赌博一样。洛克菲勒曾说："如果一定要把人生比喻成一场赌博，那么你就应选择自己擅长的一种赌博方式。"

首先，如果可能的话，应尽量将"赌注"押在一个自己喜欢的工作之上。对数学有着"不可思议的天赋"的洛克菲勒，"最感兴趣的是算术"，他知道自己该干什么。美国轮胎制造商古里奇公司的董事长大卫·古里奇被问到他成功的第一要件是什么时，他回答："喜欢自己的工作。如果你喜欢自己所从事的工作，你工作的时间也许很长，但丝毫不觉得是在工作，反倒像是在做游戏。"

也许年轻的朋友会说，刚步入社会，我对工作一点概念都没有，怎么能够对工作产生热爱呢？艾德娜·卡尔夫人曾为杜邦公司招聘过数千名员工，现为美国家庭产品公司的公关部副总经理，她说："我认为，世界上最大的悲剧就是那么多的年轻人从来没有发现他们真正想做些什么。我想，一个人如果只想从自己的工作中获得薪水，而别无他求，那真是最可怜的了。"有一些大学毕业生跑到卡尔夫人那儿说："我获得了XX大学的学士学位，还有XX大学的硕士学位，你公司里有没有适合我的职位？"他们甚至不晓得自己能够做些什么，也不知道自己希望做些什么，当然也就得不到卡尔夫人的信任。难怪有那么多人在开始踏入社会时野心勃勃，充满玫瑰般的美梦，但到了四十多岁以后，却一事无成，痛苦沮丧。

事实上，选择正确的工作，对我们身心的健康也十分重要。美国一家大医院的雷蒙大夫与几家保险公司联合进行了一项调查，研究使人长寿的因素，他的调查结果把"合适的工作"排在了第一位。这正好符合了苏格兰哲学家卡莱尔的名言："祝福那些找到他们心爱的工作之人，他们已无须祈求其他的幸福了。"

美国成功学大师拿破仑·希尔曾和索可尼石油公司的人事经理、《求职的六大方法》一书作者保罗·波恩顿畅谈了一晚。拿破仑·希尔问他："今日的年轻人求职时，所犯的最大错误是什么？""他们不知道自己究竟想干些什么。"保罗说，"这真叫人万分惊骇。一个人花在选购一件穿几年就会破损的衣服上的心思，竟会比选择一份关系到将来命运的工作要多得多，而他将来的全部幸福和安宁都建立在这份工作上了。"面对竞争日益激烈的社会，我们该如何选择呢？我们可以咨询就业指导,当然他们只能提供建议,最后做出决定的还是你自己。

知道自己该干什么,还应该知道自己不该干什么。两者相辅相成,互为补充。对大部分人来说,如果初入社会就能善用自己的精力,不让它消耗在一些毫无意义的事情上,那么就会有成功的希望。但是,很多人却喜欢东学一点、西学一下,尽管忙碌了一生却往往没有培养出自己的专长,结果到头来什么事情也没做成,更谈不上有什么强项。

明智的人懂得把全部的精力集中在一件事上,唯有如此方能实现目标;明智的人也善于依靠不屈不挠的意志、百折不回的决心以及持之以恒的忍耐力,努力在激烈的生存竞争中去获得胜利。现代社会的竞争日趋激烈,我们必须对自己的人生目标全力以赴,这样才能取得出色的业绩。"君子有所为,有所不为"说的就是这么一个道理。

第二章
不怕失败,坚持到底

大家都知道，爱迪生为了发明钨丝灯，做了1200多次试验，才找到了对的材料，给世界带来了光明。也就是说，爱迪生为了发明电灯泡，经历了1200多次的失败。但他最终还是成功了。试想一下，假如他在失败1100次后放弃了，那世界上第一个灯泡还会如期而至吗？

失败后，你才能继续成功

孟子说："天将降大任于斯人也，必先苦其心志，劳其筋骨，饿其体肤，空乏其身，行拂乱其所为，所以动心忍性，曾益其所不能。"这话的意思很明确：一个人要有所成，有所大成，就必须忍受失败的挫折，在失败中锻炼自己，丰富自己，完善自己，使自己更强大，更稳健。这样，才可以水到渠成地走向成功。

有一个老渔夫，有着一流的捕鱼技术，被渔民尊为"渔王"。然而，到了渔王年老的时候，他却非常苦恼，因为他的三个儿子一直不争气，他们的捕鱼技术都很平庸。

于是，他经常向人们诉说心中的苦恼："我真不明白，我捕鱼的技术这么好，我的儿子为什么这么笨？我从他们小的时候就开始传授捕鱼的技术给他们，先从最基本的东西教起，告诉他们怎样织网最容易捕到鱼,怎样划船不会惊动鱼,怎样下网最容易请鱼入瓮——凡是我长年辛辛苦苦总结出来的经验,我都毫无保留地传授给了他们,可是他们的捕鱼技术竟然赶不上普通渔民的儿子!太让人伤心了。"

一位路人听了他的诉说后,问道:"你一直手把手地教他们吗?"

"是的,为了让他们得到一流的捕鱼技术,我教得很仔细。"

"他们一直跟着你吗?"

"是的,为了让他们少走弯路,我一直让他们跟着我学。"

路人说:"这样说来,你的错误就很明显了。你只传授给他们技术,却没有传授给他们教训,对于才能来说,没有教训与没有经验一样,都不能使人成大器。"

老渔王苦恼的原因在于他只教给儿子们怎么做,但却没有教给他们失败的经验。

所以对待失败,你得感谢才是,因为你通过学习如何从困境中爬出来,从而不重蹈覆辙。毕竟,在实践中对于经验教训的理解远远要比理论深刻得多。所以,人不能做温室的小苗,那样将无法长大。

丹尼士在中学毕业后,找到了一份暑期工作,在期货交易所担任跑腿,传递买卖单据,但他的经验非常有限,每周工资40美金,但他都会在一小时内输得一干二净,不过那时,丹尼士心里想:无论事情如何,我已经得到了第一次炒卖期货学习的机会。

入行初期,尽管经常输钱,但这段经历对丹尼尔来说千金难得的经验,他始终没有放弃。第一次入行时注马很少,基本上无伤大雅,第二失败的经历,可以作为以后买卖的警惕,可以说,开始期货交易的时候,成绩越差,对以后的心理影响越好。换言之,出入行时成绩太过出色,反而不妙。

初入行的时候所经历的失败经验,是成功的中途站。后来,丹尼士由 400 美金起家,期货交易成功,个人资产最高峰时已经达到 2 亿美元,但如果没有丹尼士出入行时受到的挫折,也没有后来的成功。

有的人一遇到失败或挫折就垂头丧气,心灰意懒,从此一蹶不振,少数人甚至走上了绝路。俗话说:"胜败乃兵家常事。""黑夜过去是黎明",有太阳总有晨曦显露的时候,把失败和挫折看成是成功的前奏曲,就能在跌倒之后爬起来满怀信心地继续前进。当我们战胜挫折,克服困难,最后获得成功时,就会领略到最大的喜悦。

挫败中往往能走出强大

著名的哲学家伊曼努尔·康德说过,恐惧是对危险的自然厌恶,它是人类生活中不可避免的和无法放弃的组成部分。当你的敌人太过强大而让你心生畏惧时,你该怎么办?在恐惧的情绪下和对方全力比拼,就算侥幸胜利了,也是两败俱伤。有经验的人会告诉你,不管眼前的敌人多么强悍威猛,只要适时激发信心,你就能轻而易举地战胜他。

其实,没有人能够完全摆脱怯懦和畏惧,最幸运的人有时也不免有懦弱胆小、畏惧不前的心理状态。但如果使它成为一种习惯,它就会成为情绪上的一种疾病,它使人过于谨慎、小心翼翼、多虑、犹豫不决,在心中还没有确定目标之时,已含有恐惧的意味,在稍有挫折时便退缩不前,因而影响自我设计目标的完成。

怯懦者害怕面对冲突，害怕别人不高兴，害怕害别人，害怕丢面子。所以在择业时，因怯懦，他们常常退避三尺，缩手缩脚，不敢自荐。在用人单位面前他们唯唯诺诺，不是语无伦次，就是面红耳赤、张口结舌。他们谨小慎微，生怕说错话，害怕回答问题不好而影响自己在用人单位代表心目中的形象。在公平的竞争机遇面前，由于怯懦，他们常常不能充分发挥自己的才能，以至败下阵来，错失良机，于是产生悲观失望的情绪，导致自我评价和自信心的下降。

美国最伟大的推销员弗兰克说："如果你是懦夫，那你就是自己最大的敌人；如果你是勇士，那你就是自己最好的朋友。"对于胆怯而又犹豫不决的人来说，一切都是不可能的。事实上，总是担惊受怕的人，他就不是一个自由的人，他总是会被各种各样的恐惧、忧虑包围着，看不到前面的路，更看不到前方的风景。正如法国著名的文学家蒙田说："谁害怕受苦，谁就已经因为害怕而在受苦了。"。

怯懦者总是不敢大胆地去做一些事情，逐渐形成低估自己的能力，夸大自己的弱点的习惯，再没有信心去处理本来能够处理好的事情。即使他们很有潜力可挖。另外由于怯懦使得遇事顾虑重重，精神压力很大，长此以往，可能引起焦虑、恐惧、神经衰弱等身心疾病。怯懦性格者的最大弱点是过畏惧和害怕，要克服这一弱点，就要借助气势的激励。对性格怯懦的人来说，要学会用自我打气、自我鼓励、自我暗示等方法来培养自己无所畏惧的气势。要善于发现和肯定自己的长处与成绩，提高对自我的评价和信心。在生活中有许多事情可以锻炼我们的意志品质。比如说制订了终身学习计划，就一定要坚持进行，刚开始时很困难，只要咬紧牙关，慢慢深入下去以后，你会发现，其实事情并不像你想象的那样艰难。只要成功了几次，你一定会增强勇气和自信心的。

许多人之所以怯懦，无非就是怕失败。但越怕就越不敢行动，越不敢行动就越怕，一旦陷入这种恶性循环之中，怯懦不免就加深了。应该懂得越是感到怯懦的事越要大胆去做，只要你能大胆去做，你才能战胜你的怯懦。

心理学家要求那些备受怯懦之苦的人讨论最深的恐惧是什么，以此找到怯懦的原因，并预测最坏的结果是什么样的。既然最坏的结果不过如此，你还担忧什么呢？只管去做好了。只是我们在做的过程中，尽量把事情做好就行了。

人身上的潜能是无穷无尽的，为什么绝大部分处于休眠状态？主要是受心理上无形障碍的影响。如果你想充分发挥你自己身上的潜能，想知道自己能胜任什么事，那就从现在开始，把你身上的无形障碍，也就是你害怕做的事，一项一项排排队，写在日记里，由易到难定个跨越计划。然后从第一件害怕做的事做起，直到不惧怕为止。这样每完成一项，你就跨越一个心理障碍，解去一根捆绑自己心灵的绳索，消除一次"我从未做过"的念头，擦去一个"我不敢做"的想法。

总之，如果你想成为一个成功的人，在困难和压力面前，怯懦是没有用的。只有不畏挫折和失败，不怕别人讥笑，坚持不懈，你才可以不断体验到成功的快乐和奋斗的乐趣。

失败最怕的就是坚韧

我们每个人的人生历程都不可能一帆风顺，难免会遇到很多不同的失败和挫折，如何对待失败和挫折，对于任何一个人来讲都将是一次次考验。

很多人都追求成功而害怕失败，一旦失败就会表现出一副愁眉不展的样子。实际上，失败并不可怕，关键是你对待失败的态度是怎样的，承认失败的客观性，并不是消极地被失败所左右。我们会失败，不是我们的方向错了就是我们的方法错了，但我们要从失败中总结教训。换言之，也就是说正确面对失败，失败就会成为成功的基础。

泰国的十大杰出企业家，施利华应该算是一位传奇人物了，最开始，他是一位股票投资者，当他在股票市场无所不敌时，他说我要进入另一个行业，于是他转入了地产业。时运不济的他，把自己所有的积蓄和从银行贷到的大笔资金都投了进去，在曼谷市郊盖了15幢配有高尔夫球场的豪华别墅。可是他的别墅刚刚盖好，亚洲金融风暴出现了，他的别墅卖不出去，贷款还不起，施利华只能眼睁睁地看着别墅被银行没收，连自己住的房子也被拿去抵押，还欠了相当一笔债务。

一段时间之内，施利华的情绪低落到了极点，在老在心里问：为什么无所不敌的我，会走上这样的一条失败之路，难道我就这样一生再也无所建树了吗？

几经周折，施利华决定重新做起。他的太太是做三明治的能手，她建议丈夫去街上叫卖三明治，施利华经过一番思索后答应了。从此曼谷的街头就多了一个头戴小白帽、胸前挂着售货箱的小贩。

很快施利华做小贩，卖三明治的消息传了出去，人们纷纷说，昔日亿万富施利华在街头卖三明治，由于很多人在传，所以在施利华那儿买三明治的人骤然增多，有的顾客出于好奇，有的出于同情。还有许多人吃了这施利华的三明治后，为这种三明治的独特口味所吸引，经常来买他的三明治，回头客不断增多。随着时间的过去，施利华的三明治生意越做越大，他也慢慢地走出了人生的低谷。

在1998年泰国《民族报》评选的"泰国十大杰出企业家"中，他名列榜首。作为一个创造过非凡业绩的企业家，施利华曾经倍受人们关注，在他事业的鼎盛期，不要说自己亲自上街叫卖，寻常人想见一见他，恐怕也得反复预约。上街卖三明治不是一件怎样惊天动地的大事，但对于过惯了发号施令的施利华，无疑需要极大的勇气。

人的一生会碰上许多挡路的石头，这些石头有的是别人放的，比如金融危机、灾祸、失业，它们成为石头并不以你的意志为转移；有些是自己放的，比如名誉、面子、地位、身份等，它们完全取决于一个人的心性。生活最后成就了施利华，它掀翻了一个房地产经理，却扶起了一个三明治老板，让施利华重新收获了生命的成功。

曾有人问施利华，他是如何面对自己的挫败的，如何及时调整自己的心态来面对这一切困难重新开始？施利华说了这样的一段话："我只是把挫折当作使你发现自己思想的特质，以及你的思想和你明确目标之间关系的测试机会。如果你真能了解这句话，它就能调整你对逆境的反应，并且能使你继续为目标努力，挫折绝对不等于失败——除非你自己这么认为。"

是啊，当我们面对挫折时如果能这样想，那么我们会怎样呢？答案是继续努力，实现自己的目标，当再一次遇到困难时，勇敢地去战胜他。

美国作家爱默生说："每一种挫折或不利的突破，都带着有利的种子。"如果施利华不能正确地对待失败，那么，他就不会有后来的成功，也不会有后来的辉煌。

一个人要尝试创新，必须冒着极有可能失败的风险。如果你想取得成功，那么，你就要必然要经历更多的失败。

在失败面前，至少应该有三种人：一种人是无勇无智者，他们遭受了失败的打击，从此一蹶一振，成为让失败一次性打垮的懦夫；一种人是有勇无智者，他们遭受失败的打击，并不知反省自己，总结经验，但凭一腔热血，勇往直前，这种人，往往事倍功半，即便成功，亦仅是昙花一现；另一种人是智勇双全者，他们遭受失败的打击后，能够审时度势，调整自己的思维方式，在时机与实力兼备的情况下再度出击，卷土重来。

无论在任何时候，对于一个渴望成功的人来说，挫败是十分正常的事情，颓废是可耻的，重复失败则是灾难性的。失败为成功之母，要从挫折中吸取教训。要敢于屡败屡战，且抛弃消极思想，全力以赴，不消极等待，在吸取教训中克服阻碍，做自己最好的对手，不断地去战胜自己。

成功都是坚持出来的

成功的人，往往敢于应对挑战，个个都是解决问题、排除困难的高手。他们明白：困难可以把你击垮，也可以让你重新振作。当你没有勇气面对困难时，它们是不可逾越的高山；当你借勇气、凭毅力克服那些困难后，回头再看时，它们不过是一只只纸老虎。

阿迪·达斯勒被公认为现代体育工业的始祖，他凭着不断的创新精神和克服困难的勇气，终身致力于为运动员制造最好的产品，最终建立了与体育运动同步发展的庞大体育用品制造公司。

阿迪·达斯勒的父亲从早到晚靠祖传的制鞋手艺来养活一家四口人，阿迪·达斯勒兄弟两个有时也可以帮助父亲做一些零活。一个偶然的机会，一家店主将店房转让给了阿迪·达斯勒兄弟，并可以分期付款。

兄弟俩欣喜若狂，可资金仍是个大问题，他们从父亲作坊搬来几台旧机器，又买来了一些旧的工具。鲁道夫和阿迪正式挂出了"达斯勒制鞋厂"的牌子。

建厂之初，他们以制作一些拖鞋为主，由于设备陈旧、规模太小，再加上兄弟俩刚刚开始从事制鞋行业，经验不足，对市场又不是很了解，款式上是模仿别人的老式样，种种原因导致生产出来的鞋没有引起消费者的注意，销售情况不是很好。

出师不利的困境没有让两个年轻人打退堂鼓；意想不到的困难，更没有使他们退缩。他们想方设法找出矛盾的根源所在，努力走出失败的困扰。

聪明的阿迪通过学习了解到：那些企业家的成功之道在于牢牢抓住市场，并且创造人们喜爱的产品，只有推陈出新才能赢得市场。而他们生产的款式已远远落后于当时的需求。

为了尽快走出困境，解决问题，他们挨家挨户地调查人们穿鞋的爱好和对鞋的要求，并到大街上观察人们穿鞋的式样、颜色，从而预测即将到来的流行趋势。

然后，兄弟俩对调查所得资料，进行全面的综合分析。他们认为：从鞋厂自身的现状看，自己的生产规模不具备生产高档皮鞋的条件。他们应该立足于普通的消费者，只能把消费的主要对象选在大众身上，因为普通大众大多数是体力劳动者，他们最需要的是既合脚，还必须耐穿的鞋。

再加上阿迪是一个体育运动迷，并且深信随着人们生活水平的提高，健康将越来越会成为人们的第一需要，而锻炼身体就离不开运动鞋。

兄弟俩确定好目标后，就勇敢地开始转型。他们把自己的家也搬到了厂里，在厂里一待就是一个多月，终于生产出几种式样新颖、颜色独特的跑鞋。

然而，任何一种新产品推到市场，都有一个被消费者认识的过程。当阿迪兄弟俩带着新鞋上街推销时，人们首先对鞋的构造和样式大感新奇，争相一睹为快。

可看过之后，真正掏钱买的人很少，人们看着两个小伙子年轻、陌生的脸孔，带着满脸的不信任离开了。

一连许多天，都没有卖出一双鞋，兄弟俩四处奔波，向人们推荐自己精心制作的新款鞋，但都受到了同样的冷遇。两个人都有些灰心了。

阿迪兄弟本以为做过大量的市场调查之后生产出的鞋子，一定会畅销。市场又一次无情地打击了阿迪兄弟。他们不知道问题出在了哪里。可阿迪·达斯勒的字典里没有"困难"这个词，只有胆气陪伴着他们，去闯过一个个难关。

经过冥思苦想，弟弟的脑海中突然冒出一个想法：人们不愿买自己的鞋，不是因为我们的鞋子质量的问题，也不是款式的原因，而是因为自己的小厂刚刚起步、尚未建立起信誉，人们还不了解自己，担心质量没有保障。想到这里，弟弟对哥哥说："为何我们不想想办法，先建立起人们对达斯勒制鞋厂所制造的鞋子的信心呢？"

在困难面前，阿迪兄弟俩没有消沉，没有退让，没有弃之不管，放任了之。而是迎着困难而上，在仔细分析当时的市场形势和自己工厂的现状后，从中找出了解决的办法。

兄弟俩决定：把鞋子送往几个居民点，让用户们免费试穿，觉得满意后再向鞋厂付款。

兄弟俩分头行动，第二天，鲁道夫立即和阿迪分别将几种款式的几十双新鞋送到了小厂附近两个居民点的几十户居民手中。然后，兄弟俩便忐忑不安地守在制鞋厂里，满怀期待地等候佳音。

一个星期过去了，用户们毫无音讯。两个星期过去了，还是没有消息。兄弟俩心中都有些焦躁，有一些坐不住了。

在耐心地等候中，又一个星期过去，他们现在唯一的办法也只有等待了。一天，第一个试穿的顾客终于上门了。他非常满意地告诉阿迪兄弟俩，鞋子穿起来感觉好极了，价钱也很公道。在交了试穿的鞋钱之后，又订购了好几双同型号的鞋。

随后不久，其余的试穿客户也都陆续上门。一时之间，小小的厂房人来人往。鞋子的销路就此打开，小厂的影响也渐渐扩大了。

阿迪兄弟俩没有被初次创业所遭受的种种困难所吓倒，面对资金不足、经验不足、信誉缺乏等困难，他们凭着自己的信心和勇气——攻克。

为日后家族现代体育工业帝国的建立，打下了坚实的基础。

任何时候，任何事情，都存在各种各样的困难，行动起来吧！不要人为地把困难放大，不要把困难挂在嘴边，更不要面对一点困难，就退缩！那些成功的人告诉我们：没有不可解决的困难，只有无法逾越的心灵堡垒。只要有一股韧劲，成功就会属于你的。

恒心+毅力=成功

传说，为了让妻子起死回生，俄耳甫斯用琴声感动了地府的守门官。他被允许带领妻子重返人间。但条件是他必须有恒心，在离开阴曹地府之前，不能为苦所惧，为情所动，不能回头看自己深爱的妻子一眼。俄耳甫斯历经千难万险之后，气喘吁吁，力倦神疲，在即将踏上人间土地的时候，他停了下来，禁不住回头看了看妻子，结果一切努力顷刻间付之东流，他那可爱的妻子又不得不被带回了冥国，俄耳甫斯的努力因缺乏恒心而功亏一篑。

任何人在向目标前进的过程中，难免会遭遇到各种阻力和重重困难，在这种情况下持之以恒则是最难能可贵的。有恒心才能征服一切。

纵观古今中外的历史，凡是取得巨大成就的人，都是勇于坚持到底，有恒心、有毅力的人。

晋代左思花费十年时间收集材料，酝酿构思，以顽强不息的精神写出了令洛阳纸贵的《三都赋》；马克思用40年的时间，在大英博物馆里啃书本，甚至把博物馆里的水泥地都磨出了一个洞，写出了给人类历史带来新世纪曙光《资本论》；丁肇中、杨振宁博士坚持做原子轰击实验，终于发现了J粒子，使宇宙不守恒定律在实验上得以成立。他们的成功雄辩地证明：只要具备了知难而进、坚持到底的精神，无论办什么事情都能取得成功，否则就会半途而废，功败垂成。

德国科学家席勒在研究射线即将看到曙光时，失去信心，罢手却步，遂将成功的喜悦奉送给了伦琴；牛顿晚年故步自封，坚持机械观点，以致晚年的牛顿一事无成。

坚持到底就是胜利，但真正做到坚持到底并不容易。宋朝诗人杨万里有诗曰："莫言下岭更无难，赚得行为错喜欢。正人万山圈子里，一山放出一山栏。"人在奋斗的过程中，由于条件有限，必然困难重重，也会存在种种干扰。这些困难干扰就像一座座山横亘在我们前进的道路上，绝不能望山让步，只能是翻山而行。

19世纪英国作家福楼拜说得好："顽强的毅力可以征服世界上任何一座高峰。"不错，只要拿出顽强的毅力，持之以恒，坚持到底，事业的成功必将成为一种必然。恒心、毅力都是相对于人生旅途的坎坷和挫折而言的。

生活常常这样：在你向目标挺进的过程中，突如其来的打击，一次又一次的失败，莫名的痛苦和烦恼……像影子一样跟着你，很难彻底摆脱。于是，人们便有了勇敢和懦弱、坚定和犹豫、洒脱和痴迷、勤奋和懒惰、廉洁和贪欲之分，一句话，有了强弱之别，有了坚持到底和中途沉迷的差异。

做一个强者，首先是要做一个精神上的强者，做一个坚韧不拔、威武不屈的人。世间不存在人无法克服的艰难和困苦，在我们面临绝境时，在我们气喘吁吁甚至精疲力竭时，我们只要坚持一下，奋力拼搏一下，困难就会被我们征服，我们就坚强许多。历史上有成就的人大多在追求成功的过程中，经受着巨大的风险和舆论压力，他们不是退缩，而是坚韧不拔。

人没有努力的界限，所欠缺的往往是坚定不移的意志……面前遇到墙壁，就要决心穿过去，即使失败了，只要紧紧盯住目标，最终就不会倒下去。即使倒下去，爬也要往前爬。

坚持是迈向成功的临门一脚。历史上很多成功者用自己的现身说法证明了这一成功定理。日本著名企业家土光敏夫说过，一旦把要做的事情决定下来，就一定要以必胜为信念，以坚韧不拔的精神干到底。

傻坚持比不坚持好

日事日清，似乎并不难，但很多人做不到。比方说，你每天花10分钟看书，没有什么困难，但要一年365天天如此，很多人就做不到。

作为当今IT界的王者，草根创业英雄马云可谓小人物们的榜样。马云没有家庭后台，没有名校学历和海归背景，甚至连长相与身高都很普通——媒体委婉地称他"长得很童话"，而他的个头与拿破仑相当。就这么一个普通得不能再普通的人，居然一手成功缔造了阿里巴巴与淘宝，现在正在努力地做一个叫"阿里妈妈"的互联网广告平台。

我们都知道阿里巴巴与四十大盗的童话，阿里巴巴口念"芝麻开门"就可以开启强盗的宝库。现实中的阿里巴巴同样充满传奇色彩，每一次芝麻开门都是那么地激动人心。1999 年 3 月，马云的阿里巴巴诞生。8 年后的 2007 年，在胡润推出了中国大陆财富榜上，马云的财富为 50 亿人民币。

阿里巴巴有今天的成功和财富，离不开"坚持"。而坚持来自坚信。马云首先坚信的是自己的能力，无论媒体是如何评价马云的外表，都无损于他自信、睿智、能干的强者形象。同时，他还坚信自己选择的事业方向是正确的。马云说，他从创业之初就坚信电子商务一定会走出来。"如果说当时我就知道自己电子商务能够发展成今天的规模，那我肯定是在吹牛。但是，我相信它会发展。而且我一直坚持着。"马云"坚信互联网会影响中国、改变中国；坚信中国可以发展电子商务；也相信电子商务要发展，必须先让网商富起来。"在"相信自己"这一点上，马云对年轻人的建议是这样说的："人必须要有自己坚信不疑的事情，没有坚信不疑的事情，那你不会走下去的，你开始坚信了一点点，会越做越有意思。"

马云创办了阿里巴巴后的第二年，也就是 2000 年，网络经济泡沫破灭，互联网企业陷入了低谷。那时的阿里巴巴也未能幸免，人心浮躁，人员流失，阿里巴巴在美国的办事处和国内一些办事机构也相继关闭。马云后来回忆当时的心情："互联网能走多久，这些想法到底是天真还是妄想？到了最冷的冬天大家觉得这个公司不可能走下去，那时的压力太大了。"这是一段最困难的时期，现实的浮躁、对未来的迷茫以及员工的不理解，马云陷入低谷。一次会议之后，马云在长安街上黯然走了 15 分钟。马云说："坚持到底就是胜利，如果所有的网络公司都要死的话，我们希望我们是最后一个。"

在一次电视访谈中，马云有过一番这样的讲演："做人的道理我不敢讲得太多，但我自己这么看，我觉得今天很残酷的，明天更残酷，后天很美好。绝大部分的人都是在明天晚上死掉的，见不到后天的太阳。所以如果你希望成功的话，你每天要非常的努力，活好今天，你才能度到明天，过了明天你才能见到后天的太阳。"

在互联网经历寒冬的时候，很多人在逃难。就连马云团队里的一些人也产生了动摇，纷纷出去另谋出路。马云认为当年从他的公司里逃难的人都是"聪明人"，只有一批"傻子"坚持和他在一起。聪明人与后来的财富擦肩而过，财富青睐的是坚持到底的"傻子"。成功路上无止境。为了后天的太阳，傻傻的马云仍在坚持着，追逐着。

马云的坚持让他以及他的"傻子"团队收获了什么呢？不久前在香港上市的阿里巴巴 B2B 公司，总市值将超过 680 亿港元；马云直接持有上市公司股份的价值超过 25 亿港元；蔡崇信、卫哲等高管都将成为千万，乃至数亿级别的超级富豪；平均计算，阿里巴巴的每个员工都成了百万富翁，有超过 1000 人成了实际意义上的百万富翁……中国互联网有史以来最大的富人帮也由此诞生。

马云在公司上市前，把公司 300 多名元老召集到一起开了个会。在这个会上马云和这些元老一个共同的感叹就是："大家有今天的财富，全在于坚持。有时候傻坚持都比不坚持好。"

马云的傻坚持，让笔者想起了日本的"经营之神"松下幸之助。松下电器公司在发展壮大过程中，经历了无数危机。刚刚创立时，生产的电源插座全军覆没。勉强渡过难关后，所推出的自信车电池灯也险遭滑铁卢。松下幸之助曾说："无论我们从事什么行业，若遇到挫折就气馁，失去奋斗的意志，那么永远无法成功。人生不如意的事十有八九，遇到不顺利的时候更应该继续努力，才会成功。"有人问松下幸之助："如果事情已经坏得让人绝望怎么办？"松下幸之助的回答颇为血性："那就抱着绝望的心情努力吧。"

不苟且地坚持下去

在你为了高远目标一点点努力时时，难免有些人会讥笑你是"癞蛤蟆想吃天鹅肉"，属于不自量力，痴人说梦。一个人打击你，或许没有什么；十个人打击你，有点动摇了吧；百个人打击你呢？

其实，别人劝阻或讥笑你的追梦，也并非想害你。相反，绝大多数还是出与善意，打着各种好听的旗号。"相信我，你走的那条路行不通，别浪费自己的精力了。"他们会这么说。

有一则预言，说的是一群动物举办了一场攀爬埃菲尔铁塔的比赛，看谁先爬上塔顶谁就获胜。很多善于攀爬的动物参加了比赛，更多的动物围着铁塔看比赛，给它们加油。作为比赛的裁判，老鹰早早地飞上塔顶。比赛开始了，所有的动物都不相信参赛的动物能够到达塔顶，它们都在议论："这太难了！！它们肯定到不了塔顶！"听到这些，一只又一只的参赛动物开始泄气了，除了那些情绪高涨的还在往上爬。下面的动物继续喊着："这个塔太高了！没有谁能爬上顶的！"越来越多的动物累坏了，退出了比赛，只有一只蜗牛还在越爬越高，一点没有放弃的意思。

最后，那只蜗牛费了很长的时间，终于成为唯一一只到达塔顶的胜利者。夺冠的蜗牛下来后，得到了很多掌声。一只小猴子跑上前去，问蜗牛哪来那么大的毅力跑完全程。谁知道蜗牛一问三不知——原来，这只蜗牛耳朵聋了。

这个寓言要表达的意思是：不要轻易地被别人的指指点点妨碍了自己的脚步。根据研究，那些白手起家的成功者都有一套有趣的"免疫系统"——很强的心理承受能力。这些成功者，总是漠视各种批评者和权威人物的负面评价，甚至这些负面评价锤炼铸就了他们所需要的抵抗批评的抗体，坚定了他们的决心。

无论一个人有多聪明，如果没有坚韧不拔的品质，他就不会在一个群体中脱颖而出，他就不会取得成功。许多人本可以成为杰出的音乐家、艺术家、教师、律师或医生，但就是因为缺乏这种杰出的品质，最终一事无成。

有一部著名的美国电影《肖申克的救赎》，电影讲述的是年轻的银行家安迪因被判决谋杀自己的妻子，被送往美国的肖申克监狱终身监禁。遭受冤枉的安迪外表看似懦弱，但内心坚定，从进监狱的那天开始就决定一定要离开这里。他在监狱里遇见了因失手杀人被判终身监禁的瑞德，两人很快成为好友。肖申克监狱是当时最黑暗的监狱，典狱长利用罪犯做苦役，为自己捞了不少好处。狱警对囚犯乱施刑罚，甚至将囚犯活活打死。

面对如此险恶的环境，安迪没有自甘堕落，他办监狱图书室，为囚犯播放美妙的音乐，还利用自己的知识帮助大家打点财务。典狱长很快发现了安迪的特长，让他帮助自己清洗黑钱做假账。在暗无天日的牢笼中，安迪从未放弃过对自由、对美好生活的追求，他每天用一把小鹤嘴锄挖洞，然后用海报将洞口遮住。用了20年的时间，安迪才完成了地洞的开凿，成功地逃出监狱并最终把典狱长绳之以法。

安迪在莫大的误解、冤枉、恶劣的生存环境之下，竟然能够一直朝自己的目标努力，让人看了之后非常震撼，如果一个人能用这样的毅力和忍耐力做一件事，想不成功也难啊。

坚韧不拔的斗志是所有成功者的共同特征。他们也许在其他方面有缺陷和弱点，但是坚韧不拔的斗志是每一个成功者身上不可或缺的。过人的才华和丰厚的禀赋都不如坚持不懈的努力更有助于造就一个伟人。在生活中最终取得胜利的是那些坚持到底的人，而不是那些自认为是天才的人。但是，很少有人完全理解这一点：杰出的成就都源于坚韧不拔的斗志和不懈的努力。

坚韧不拔的斗志是一种力量，一种魅力，它使别人更加信赖你，每个人都信任那些有魄力的人。实际上，当他决心做这件事情时已经成功一半了，因为人们都相信他会实现自己的目标。对于一个不畏艰难、一往无前、勇于承担责任的人，人们知道反对他、打击他都是徒劳的。

坚韧的人从不会停下来想想他到底能不能成功。他唯一要考虑的问题就是如何前进，如何走得更远，如何接近目标。无论途中有高山、有河流还是有沼泽，他都会去攀登、去穿越。而所有其他方面的考虑，都是为了实现这个终极目标。

歌德曾这样描述坚持的意义："不苟且地坚持下去，严厉地驱策自己继续下去，就是我们之中最微小的人这样去做，也很少不会达到目标。因为坚持的无声力量会随着时间而增长，而没有人能抗拒的程度。"

跌倒了要勇敢爬起来

有人问一个小孩子,怎样才能学会溜冰。小孩回答:"每次跌倒后,立刻爬起来!"跌倒后,立刻爬起来,向失败夺取胜利,这是自古以来伟大人物的成功秘诀。检验一个人品格的最好时机,就是在他失败的时候,看他失败了以后将采取怎样的行动。

吉本辛勤耕耘20年,才写出了他的《罗马帝国盛衰史》;诺亚·韦伯斯特历时36载,才有了《韦伯斯特大词典》的雏形,看看他将自己的毕生都投入到词汇的搜集和定义事业,他表现出何等非凡的毅力和高贵的精神啊!乔治·班克罗夫特穷其26年的心血,写出了《美利坚合众国史》。提香曾给查理五世致信:"我把我最重要的一幅作品献给陛下,这7年的所有时间我几乎都花在了这幅作品上。"他的另一幅画也耗时8年。乔治·史蒂芬森用了15年的时间来改进他的火车头;瓦特用了20年改进蒸汽机;哈维观察了8年,才出版了他揭开血液循环奥秘的著作。当时他曾被同行们称作精神病患者、骗子,他忍受了25年的攻击和嘲弄,最终才让学术界承认了他的伟大发现。

迈克尔·乔丹总结说:"乐观积极地思考,从失败中寻找动力。有时候,失败恰恰正是使你向成功迈进的一步。譬如修车,一次次的尝试也未能奏效,但却越来越逼近正确答案。世界上的伟大发明都是经历过成百上千次的挫折和失败才获成功。"

战胜失败的第一步,也是关键的一步,我们要正视失败,对失败有一个正确的态度。贝格大概是 20 世纪最杰出的剧作家了,就连他这样成功的人也会说:"我觉得失败是家常便饭,在失败的恶劣空气中深呼吸,精神会为之一振。"1905 年爱尔伯特·爱因斯坦的博士论文在波恩大学未获通过,原因是论文离题而充满奇怪思想,这使爱因斯坦感到沮丧,但这却未能使他一蹶不振。温斯顿·丘吉尔曾被牛津和剑桥大学以其文科成绩太差而被拒之门外。里查德·贝奇只上了一年大学,当他写出《美国佬生活中的海鸥》一书时,书稿被搁置 8 年之久,其间曾被 18 家出版社拒之门外,然而出版之后十分畅销,即被译成多国文字,销量达 700 万册,他本人也因此而成为享有世界声誉的作家。

美国职业足球教练文斯·伦巴迪当年曾被批评为"对足球只懂皮毛,缺乏斗志。"美国迪斯尼乐园的创建者沃尔特·迪斯尼当年曾被报社主编以缺乏创意的理由开除,建立迪斯尼乐园前也曾破产好几次。亨利·福特在创业成功前也曾多次失败,破产过 5 次。拥有超过 100 本西方小说、发行逾 200 万本的成功作家路易士·阿莫在第一次出版销售前,被拒绝了 350 次,后来他成为第一位接受美国国会颁发特别奖章的美国小说家。托马斯·爱迪生试验超过 2000 次以上才发明了灯泡,当一位记者问他失败了这么多次的感想时,他风趣地说:"我从未失败过一次,我发明了灯泡,而那整个发明过程刚好有 2000 多个步骤。"

坚持就是胜利

一个女孩,是 XX 大学电子专业本科毕业生,10 月做求职准备。11

月毕业生供需见面会。现场求职者如潮水，费了九牛二虎之力塞进8份简历，结果石沉大海，招聘会上成功是渺茫的。她开始注意从报纸上寻找就业信息，她不再盲目地到处寄简历，而是在得到信息后，电话或登门求职。4个多月，数十次电话或登门求职都以失败告终，因为她是女生和应届毕业生。当她得知一家汽车销售公司招聘文职人员，立刻给公司发去一份电子简历。几个月来第一次得到面试机会，要求进行电脑打字，打字速度每分钟不能低于七八十个字。她一分钟只打了四十几个字，被淘汰了。第一次面试失败。从那以后，她每天拿出一小时时间练习打字，不到一个月就达到标准了。

她先后参加了4次面试，都以失败告终。参加一家电子公司的面试。面试之前先进行笔试，她榜中有名。接下来的面试，她至今想起来都脸红。主考官问："你有工作经验吗？""没有。""到生产线上实习过吗？""没有。"主考官又拿出一张电子线路图，让她指出"分别代表什么电阻"，她根本就看不懂。她满脸羞愧。面试失败让她若有所思："如果让我再回到校园，我一定会到生产线上去实习，用人单位最看重的还是动手能力。"

一次次失败，女孩反而理智和冷静下来。一边密切关注人才市场需求信息，一边潜心复习专业弥补不足。她知道，机会只会青睐真正有准备、有实力的人。机会终于来了。一家电子公司在某高校举办招聘会，她送上简历。笔试要求10分钟内做完100道题，她7分钟做完了。然后是面试。面试官微笑着问："你认为公司客户服务部与客户应该是什么关系？""应该是朋友关系。据市场调查专家分析，一个客户身边有240个潜在客户……"

这一次,她顺利地通过了面试。

这个故事很感人,该女孩凭着不屈不挠的精神,屡败屡战,在竞争异常激烈的就业环境中找到了自己的位置。

失败乃成功之母

"失败乃成功之母。"一个人只要有向上的决心,必定能在失败中寻获成功的钥匙,如果就此灰心丧气,便永远尝不到成功的果实。

生活中,但凡能够成就一番大事业的人,都是因为他们绝不向困难低头,屡败屡战。只有经历过失败的痛苦,才能更深刻地体会成功的喜悦。那些没有遇到过大失败的人,有时反而不知道什么叫大胜利,也不会真正去享受大胜利。

人的一生,总会与坎坷挫折相伴,不可避免地要遭受这样或那样的失败。只不过有的人经历得少一些,有些人经历得多一些罢了。人就是在不断地栽跟头,又不断地爬起来的过程中前进的。

清朝的著名将领曾国藩曾多次率领湘军同太平军打仗,然而总是屡吃败仗,特别是在鄱阳湖口一役中,差点连自己的老命也送掉。他不得不上疏皇帝表示自责之意。在上疏书里,其中有一句是"臣屡战屡败,请求处罚"。有个幕僚建议他把"屡战屡败"改为"屡败屡战"。这一改,果然成效显著,皇上不仅没有责备他屡打败仗,反而还表扬了他。

"屡战屡败"强调每次战斗都失败,成了常败将军;而"屡败屡战"却强调自己对皇上的忠心和作战的勇气,虽败犹荣。这一点点的改动体现出了一个道理，在人的一生中，要想取得成功首先必须经历失败，因为失败是走向成功的起点。

失败并不是人生的终结，只是成功的起点，一个人的失败不是偶然的，但是一个人的成功却是偶然的。失败的下一站是"痛苦"，但并不是终点站，而是"岔道口"。在这个"岔道口"分出两条路：一条是心灰意冷、一蹶不振的路，这条路通向彻底的失败，这时的失败才是最终的结果；另一条是吸取教训、奋起拼搏的路，这条路可能通向成功，也可能通往失败，但只有踏上了这条路，才有成功的希望。因此，一个人遭受了失败，并不意味着就是最终的结果，关键在于站在"痛苦"这个"岔道口"的时候应选择哪一条路。

一位全国著名的推销大师，即将告别他的推销生涯，应行业协会和社会各界的邀请，他将在该城最大的体育馆作告别职业生涯的演说。

演说那天，会场座无虚席，人们在热切地、焦急地等待着那位当代最伟大的推销员，期待他说出什么惊世良言，期待从他身上学习经验。当大幕徐徐拉开，人们惊讶地发现，舞台的正中央吊着一个巨大的铁球。为了支撑住这个铁球，台上还搭起了高大的铁架。

所有人都惊奇地望着老人，不明白他是何用意。这时两位工作人员抬着一个大铁锤放在老人的面前。主持人这时对观众说：请两位身体强壮的人到台上来。很多人站起来，其中两名眼疾手快的年轻人已经跑到了台上。

老人这时开口对他们讲规则，请他们用这个大铁锤去敲打那个吊着的铁球，直到把铁球荡起来为止。

其中一个年轻人抢着拿起铁锤，拉开架势，抡起大锤，全力向吊着的铁球砸去。铁球发出一声震耳欲聋的响声,却一动也不动。年轻人用大铁锤接二连三地砸向吊球,很快就累得气喘吁吁了。另一位年轻人也不甘示弱,接过大铁锤把吊球打得叮当响,然而铁球仍然纹丝不动。台下的观众已经渐渐失去了热情,呐喊声渐渐消失,观众好像认定那是没用的,就等着老人作出解释了。

这时候,老人从上衣口袋里掏出一个小锤,然后认真地对着那个巨大的铁球"咚"敲了一下,然后停顿一下,再一次用小锤"咚"敲了一下。人们奇怪地看着老人的举动。老人仿佛已经忘记了台下坐着的观众,就那样敲一下,然后停顿一下,一直持续。十分钟过去了,又一个十分钟过去了,有观众开始坐不住了,会场起了一阵骚动,有的人干脆叫骂起来,人们用各种声音和动作发泄着他们的不满。然而老人好像根本没有听见观众的叫骂声,仍然停地敲着。有人开始离场,会场上出现了大片大片的空缺。留下来的人们好像也喊累了,会场渐渐地安静下来。

大概在老人敲到 40 分钟的时候,坐在前面的一个妇女突然尖叫一声:"球动了!"仿佛一声惊雷惊醒了沉默的人们,观众们屏息静气看着那个铁球,整个会场鸦雀无声。那球以很小的幅度动了起来,不仔细看很难察觉。老人仍旧一小锤一小锤地敲着,一声一声仿佛敲在每个人的心上。吊球在老人一锤一锤的敲打中越荡越高,它拉动着那个铁架子"哐、哐"作响,它的巨大威力强烈地震撼着在场的每一个人。会场里爆发出一阵阵热烈的掌声,在掌声中,老人转过身来,把那把小锤揣进兜里。

老人终于开口说话了:"在成功的道路上,如果你没有耐心去等待成功的到来,那么,你只好用一生的耐心去面对失败。"

人只有在困难与失败中不断探索，才能获得成功。失败的经验越是丰富，成功的几率就越大。尤其是年轻人，应该把握黄金岁月，拥有强烈的目标意识，果敢地前进，才能使生命之树欣欣向荣。不管你是谁，只要确定了目标，就要坚持不懈地去完成，耐心地等待成功。对于所有成大事的人来讲，问题不在于能力的局限，而在于等待成功的信念。

关键时刻再坚持一下

行一百里者半九十，最后的那段路，往往是一道最难跨越的门槛。其实每一个人的一生中，无论工作或生活，都会或多或少地出现这样那样的极限环境，或者说极限困境。有的时候就需要那么一点点毅力，一点点努力的坚持，成功就能触手可及，而不是充满遗憾地擦肩而过。

1905年，洛伦丝·查德威克成功地横渡了英吉利海峡，因此而闻名于世。两年后，她从卡德那岛出发游向加利福尼亚海滩，想再创一项前无古人的记录。

那天，海上浓雾弥漫，海水冰冷刺骨。在游了漫长的16小时之后，她的嘴唇已冻得发紫，全身筋疲力尽，而且一阵阵战栗。她抬头眺望远方，只见眼前雾霭茫茫，仿佛陆地离她十分遥远。现在还看不到海岸，看来这次无法游完全程了。她这样想着，身体立刻就瘫软下来，甚至连再划一下水的力气也没有了。

"把我拖上去吧！"她对陪伴她的小艇上的人挣扎着说。

"咬咬牙，再坚持一下，只剩下一英里远了。"艇上的人鼓励她。

"你骗我。如果只剩一英里,我早就应该看到海岸了。把我拖上去,快,把我拖上去。"

于是,浑身瑟瑟发抖的查德威克被拖了上去。小艇开足马力向前驰去,就在她裹紧毛毯喝一杯热汤的工夫,褐色的海岸线就从浓雾中显现出来,她甚至都能隐约看到海滩上,欢呼等待她的人群。到此时她才知道,艇上的人并没有骗她,她距成功确确实实只有一英里。

路,走着走着就清晰了,只是看你敢不敢坚持。山路十八弯,但是只要你坚持,再弯的路也能把你带到成功的彼岸。只要你坚持,只要你相信自己的判断,成功就在不远处。当你发现所有人都在向东走的时候,你向北走的路崎岖看似没有终点,请再思考一下,然后坚持走下去,再坚持一下,你就会成功。

传说,有两个人偶然与酒仙邂逅,神仙一时兴起,将酿酒之法传给了他们:取端阳节那天饱满的米,再加上冰雪初融的高山流泉,将二者调和,注入深幽无人处千年紫砂土铸成的陶瓷,再用初夏第一张看见朝阳的新荷覆紧,密闭七七四十九天,直到第四十九天的鸡叫三遍后方可启封。

就像每一个传说里每一个历险者一样,这两个人历尽千辛万苦开始寻找材料,那是极其漫长的一个过程,他们花了整整八年的时间,终于找齐了所有的材料,把它们一起调和密封,然后潜心等待四十九天之后的那个时刻。胜利似乎就在眼前了。

第四十九天到了。两人兴奋得夜不能寐,等着鸡鸣的声音。远处传来了第一声鸡鸣。过了很久,又响起了第二声鸡鸣。然而,第三遍鸡鸣声却迟迟没有传来。其中的一个人再也忍不住了,他打开了自己的陶瓷,迫不及待地尝了一口。立刻就惊呆了：天啦！这酒像醋一样酸。然而大错已经铸成，再也不可挽回了。他极度失望地把酒洒在了地上。

而另外一个人虽然也按捺不住想伸手，却还是咬紧牙关，坚持到了第三遍鸡鸣的声音。舀出来喝了一口，惊喜地大叫一声：多么甘甜香醇的酒啊！

就只差那么一刻，"醋水"没有变成佳酿。八年的时间都熬过来了却偏偏等不及那一声鸡鸣，于是前功尽弃，之前所有的努力都白费了。多么让人惋惜啊。

大多数成功者与失败者之间的差别往往不是因为机遇或者更聪明的头脑，只在于成功者多坚持了一下——有时候是一年，有时候是一天，有时，仅仅只是几分钟。

成多大事，在于能坚持多久

成大事不在于力量的大小，而在于能坚持多久。

树立目标是一件很容易的事，但是要坚持下来却是一件困难的事，没有坚持不懈的勇气和顽强的毅力，是办不到的。

通往成功的路是一段漫长的征途，越往前走人就越少。不光是精力、胆识的问题，因为成功根本就看不见！人们不知道还有多远，所以信心就会动摇。而那些取得成功的人，都是在看不到希望的时候，仍然坚持在黑夜里穿行，在绝望的时候，仍然不选择放弃。

对于一个追求成功的人来说，最大的阻力，其实不是自身的条件不济，不是准备不够，而是在成功之前，越往前走，黑暗越浓。这黑暗不在眼前，而是在心里。

成功者是那些只选择往前走的人。他知道，成功还有多远不清楚，但转身就是明确的失败。他不愿失败，所以没有选择。成功者多少都有些阿甘的精神，他往往不是脑子最聪明最活络的人，但一定是意志最坚定的人。失败者总有多种选择，成功者都没有选择，因为成功只有一个方向。

现实生活中，我们常常羡慕别人所取得的辉煌成就，但往往缺少取得成就所必备的因素——坚持到底。当遇到困难或挫折时，我们起初或许会坚持一下。但令人感到遗憾和悲哀的是，面对多次失败，多数人选择了放弃，没有再给自己一次机会。其实，有时候可能就是再多一点点的坚持，我们就会成功。但就因为我们没有再跨出坚持的下一步，结果让成功的机会擦身而过。因此，在奋斗拼搏的路上，我们要想取得最后的成功，就要永远鼓励自己，要坚持，除了坚持，别无选择。

"再坚持一下"，是一种不达目的誓不罢休的精神，是一种对自己所从事的事业的坚强信念，也是高瞻远瞩的眼光和胸怀。它不是蛮干，不是赌徒的"孤注一掷"，而是在通观全局和预测未来之后的明智抉择，它更是一种对人生充满希望的乐观态度。在山崩地裂的大地震中，不幸的人们被埋在废墟下。没有食物，没有水，没有亮光，连空气也那么少。一天，两天，三天……还有希望生存吗？有的人丧失了信心，他们很快虚弱下去，不幸地死去。而有些人不放弃生的希望，坚信外面的人们一定会找到自己，救自己出去。他们坚持着，哪怕是在最后一刻。结果，他们创造了生命的奇迹，他们从死神的手中赢得了胜利。

越是在困难的时候，越要"再坚持一下"。在顺境时，在预定的目标未完全达到时，也要"再坚持一下"，不要因小小的成功就停止不前。

你能承受多少次失败的打击？生活中，很多人在多次失败的打击之下，令人惋惜地放弃了努力。有的人甚至在一次的不如意之后就开始灰心丧气、绝望。其实，成功就在你绝望、准备放弃的背后。如果你能咬牙再坚持一下，再努力一把，克服这种深深的绝望感，成功就会奇迹般地出现在你面前。

第三章
调整你的心态，用最好的心情去坚持

很多人无法坚持，不是因为他们能力不够，而是因为心态出了问题。心态是一种内在的动力，它无时无刻不在影响着我们。在坚持的道路上，心态决定着你面对人和事物时的态度，如果你没有良好的心态，就很难真正做到坚持。

控制住情绪，你才能更有韧劲

台湾著名作家刘墉说："能成大事业的人，都善于舒散心情，他们多半有着豁达的胸怀和开朗的性格，能够在繁忙激动之后，放松自己，享受宁静，静观外界的发展，筹算未来的进度，并恢复元气和冲力。"

有的人在生气时想想其他的事儿，就能控制住情绪，但有的人懂得大道理，却做不到。所以，控制怒气，让自己永远快乐相伴，快意一生，还要不断加强自身修养。

人类情感丰富，生气也属于人之常情。可虽然所有的人都会生气，但生气后的表现却不同。有的人大发雷霆，捶胸顿足；有的人默默不语，独自掉泪；有的人义愤填膺，以暴制暴；还有一些人，处变不惊，以静制动，表现得很有内涵。

修养是对心灵的耕耘，性情的陶冶。这就是人类社会的文化。修养是个人魅力的基础，人身上一切吸引人的长处均来源于此。修养是人格魅力的体现，发自内心的主动的吸取外部营养的修身养性。有着良好修养的人具有一种强烈的亲和力，你与有修养的人零距离接触，如品香茗，如浴阳光，如沐春风。

那么相反的，无修养的人又是怎样的呢？动不动就生气的人修养不会很好；幸灾乐祸显出你的修养较差；趋炎附势，张口就说假话的人没修养……修养差的人，人际关系不好，同时他自己也很难受，得不到周围人的喜欢，他自己也会感到懊恼。同时，一个人的觉悟、修养很低，他的思想境界自然就低，好比井底之蛙，内在储存的知识有限，不愿意努力跳出狭隘的圈子，得不到发展。

《大学》里说：自天子以至于庶人，一是皆以修身为本。而佛学有云：相由心生。你的内心是怎样的，你就会以什么样的眼光看外面的人和物；戴着有色眼镜去看外面的世界，得出的结果不符合实际。相由心生，改变内在，才能改变面容。一颗阴暗的心托不起一张灿烂的脸。有爱心必有和气，有和气必有愉色，有愉色必有婉容。由此，修养之重要，岂妄言乎？人若无基本的修养，岂非自讨苦吃？一生凄凉，岂非自作自受！

的确如此，生活中有太多不值得我们去计较的事情。如果我们控制不住自己的怒气、火气，只会让自己也沉陷在不良的情绪当中，对身心健康没有一点好处。有人说："怒气会让人愚蠢，闲气会让人失神，怨气会让人灰心，坏脾气会害死一个人。"要想不生气，就要时刻注意心性的修炼，事事都要加强自我修养。理性的思考，平和的心态，积极的自励，处世的心机，都是平息怒火、变生气为争气的法宝。

只要我们能遇事不气，遇事不乱，以一种和平的心态对待生活中的一些事，那么我们就会享受到生活本应有的快乐和幸福，我们的人生就是一种智慧的人生、一种让人羡慕的人生！

那么，我们可以把修养理解成修剪、养育，它是可以经后天培养并有所提高的可以从以下几方面进行培养。

1. 提高认识。

人要有自知之明，要认识到自己的长处和短处。对别人不能要求太高，要学会谅解、谦让。在非原则问题上大事化小，小事化了，免于动气。感情表露是人的修养的外在表现。对事物要有客观的认识，心胸开阔，不为一点小事而动怒。有修养的人遇到问题，不会大发雷霆，而是沉着冷静、心平气和，即使自己有理也能让三分，因为他们心中有全局、有他人。而那些修养差的人，往往会为妨碍满足个人利益的事而动气，所以提高修养，提高认识水平，是克服爱生气毛病的根本所在。

2. 从传统文化中汲取做人的养分。

古代的传统文化，是思想的载体，教我们如何道法自然，融入自然，合于天道；通过传统文化修养，可凝神静心，达到内定，对于人生也往往有更深层次的思考……对于整个传统文化来说，它教会我们的是如何为人处世；它是一门如何开启人生大智慧的学问！

3. 学会安静。

"静"是一种修身的方法，是一种为人处世的方法。佛家有禅静，道家有虚静，概莫如此。作为普通人，能恬静地读书，沉静地写作，安静地思考，宁静地生活，就是你最大的福分。人，心若安静了，便听不到任何外界喧嚣的嘈杂，不会纠缠于一些琐碎。如一潭清幽的水，包容一切，悦纳一切。控制好自己的情绪，让自己静下来，做一个有涵养的人。

静则生慧，静则生智。一个人能不能"智慧"就要看他们是否"静"的下来了。"静"是稳，是思考和理解的过程。

"静"就像一把尺子衡量着一个人的成熟与否，遇事越冷静、越沉着，离成功也就越近。冷静地正视失败，冷静地分析形势，冷静地权衡利弊，冷静地找出解决问题的办法，那么，危机后的成长就有了必备前提。

在这里只举三个方法来提高自身修养，当然还有很多方式。多读书、多接触艺术作品等，提高自身的修养便有足够的能力去控制自己的情绪，不会被气愤情绪所左右，恬淡地生活，幸福一生。

没有什么事可以让你烦恼

一个年轻人四处寻找解脱烦恼的秘诀。这一天，他来到山脚下，见一片绿草丛中，一位牧童骑在牛背上，吹着悠扬的横笛，逍遥自在。年轻人上前去询问："你看起来很快活，能教给我解脱烦恼的方法吗？"牧童说："骑在牛背上，笛子一吹，什么烦恼也没有了。"年轻人试了不灵。于是继续寻找。年轻人来到河边看见一个老者在树荫下钓鱼，神情怡然，自得其乐。年轻人也是去试过了，还是不灵。年轻人继续寻找。不久来到一个山洞，看见里面坐着一个老人，面带微笑。年轻人向老人说明来意，寻求解脱烦恼的方法。老人微笑着问道："有人捆住你了吗？""没有。""既然没有捆住你，又谈何解脱呢？"

有时候，我们有时候就像极了这个年轻人。其实生活中除了我们自己，没有谁能把我们捆住。很多人会给自己设定无数个如果和假设，他们总是徘徊在如果这样做是不是更好；假如可以重新来过会有多好，他们这种画地为牢的做法多么可笑。自寻烦恼确是百害而无一利，再怎么样的忧虑都无法解决任何实际问题，只会让自己心情更差，想法更消极。

所以说，世上有多少烦恼都是自己和自己过不去？试想世间有多少人是在拿自己的错误惩罚自己，甚至拿别人的错误惩罚自己？他们忘记了"人非圣贤，孰能无过"？于是，一旦有错，便陷入无尽的自责、痛苦与悔恨当中。他们看不到正午的太阳，看不到夜晚的群星，听不到大海的音符，闻不到花草的芬芳，他们的视线将是无边的烦恼。

每个人都有七情六欲和喜怒哀乐，烦恼也是人之常情。但是由于每个人对待烦恼的态度不同，所以烦恼带给人的影响也不同。乐观的人通常很少自找烦恼，而且善于淡化烦恼，所以活得轻松愉快，活得潇洒自如。

小慧是一家报社记者，一晃几年过去了，一直没有太大的变化。小慧对自己的工作很不满意，甚至开始考虑辞职。但是，她又怕辞职后一旦找不到合适的工作，就面临失业的问题。犹豫再三后，最终还是自我安慰一番，打消了这个念头，决定就这样继续下去。

一天，在同学聚会上，小慧向自己最要好的朋友诉苦，并抱怨自己的工作。这个同学听后，一脸严肃地说："造成这种情况，你知道是什么原因吗？你尝试过了解你的工作，让自己从内心深处对这份工作产生兴趣吗？你是否真正把工作当成一项伟大的事业而努力过？如果你仅仅是因为对目前的工作职位、薪水不满而辞去工作，你也就不会有更好的选择。稍微忍耐一下，转变态度，不要给自己找烦恼，试着从工作中寻找乐趣，你就会有意外的收获。如果尝试了，没有收获，再辞职也不迟。"

这位同学的话深深触动了小慧，她开始尝试着用积极地态度处理自己工作，结果感觉与以前大相径庭，不满情绪渐渐消失了，对工作也渐渐有了感情，也很快得到了上司的提拔和重用。

在现实生活中，有太多的人与小慧一样，在工作中稍遇到一点坎坷或没得到上司提拔，就开始持怀疑态度，并抱怨不休，从不反省自己，不懂得珍惜来之不易的机会。其实很多时候，烦恼都是自找的，是心中的杂念让我们的烦恼丛生，是浮躁的心态把我们变得不堪重负。不要抱怨家庭，不要抱怨邻里、居住环境，不要抱怨工作、领导、同事，不要抱怨对方给予的回报太少——真实并用心付出，阳光总在风雨后！

张允和，作为一名88岁高龄的老太太，一个大有来历的知识女性，著名的语言学家周有光的爱人。她曾对人说过："周有光的平和宁静与广阔深邃，会让你不由自主地联想到无边无际的大海。"她活得轻松悠闲，用她自己的话说："快乐其实很简单，第一是不要拿自己的错误惩罚自己，第二是不要拿自己的错误惩罚别人，第三是不要拿别人的错误惩罚自己。有这三条，人生就不会太累。"

朴素的话语揭示出了快乐的真谛，有谁想过她也曾颠沛流离，也曾死里逃生。是怎样的人生苦难与坚定信念使她大彻大悟，道出了这"人生幸福三诀"。

这是一种态度，一种气节，更是一种智慧。谁都会有烦恼，人的一生也不可能时时精彩。我们的生活不会因为烦恼而停止不前，人也不因烦恼而无法生活。

只要我们凡事从好的一方面去想，总有想得开的时候，这个过程可能有些漫长，但只要我们始终带着坚定的笑容，那么一切困难和烦恼都会被踩在脚下。人都有烦恼，但怎样去化解，更多的是需要自己的努力。

换一种积极的思维方式，每天对着自己报以自信的微笑，相信，你的生活就会与众不同。

只看结果不抱怨

最近，薛欣向朋友抱怨自己的工作。他说，自己在工作上像老黄牛一样埋头苦干每天提早上班，推迟下班，有时候连周末都不休息，把自己弄得疲惫憔悴，却依旧得不到老板的赏识。

此时朋友什么安慰的话都没有说，只是很平淡地给他讲了一个故事：

有一天，一个贵族老爷打算要出一趟远门，临出发前，他把三个仆人召集了起来。根据每个人不同的能力和才干，贵族老爷分别给了这三个人不同数量的银子，他希望仆人们能好好地利用手上的这一笔银子，替他创造出巨额的财富。

一年后，贵族老爷风尘仆仆地回来了，踏进家门的那一刻，他就立马把三个仆人叫到了身边，细细地询问，想要了解这一年他们各自的经商情况。

这时，第一个仆人得意扬扬地说道："老爷，您之前交给我的 5000 两银子，我已经用它再赚了 5000 两，现在把它全部奉献给您！"贵族老爷听了，笑得合不拢嘴，赞赏地说道："你真能干！你既然能把赚得的钱全部交给我，可见你的为人还忠厚老实，我以后要让你当这个家的总管，让你管理很多的事情！"

紧接着，第二个仆人也兴高采烈地说道："老爷，您交给我的 2000

两银子,我用它赚了2000两!"贵族老爷听了也很高兴,称赞他道:"不错,不错,到时候我也派一些事情让你管理。"

最后,贵族老爷把询问的目光投到了第三个仆人的身上,此时,第三个仆人急急忙忙地来到他的面前,打开包得严严实实的手绢说:"尊敬的老爷,您交给我的1000两银子还在这里。我一直把它埋在院子里的那颗大树下,听说您回来了,我就连忙把它挖出来了。"

顿时,贵族老爷的脸色有如黑云压城,他严厉地训斥道:"你这个懒鬼,竟然敢白白浪费我的钱!要你这个只知道吃白饭的仆人何用?"于是,他飞快地夺回了第三个仆人手上的1000两银子,最后,还怒气冲冲地把这个仆人赶出了家门。

听完这个故事后,薛欣还是有点不服气,他不甘心地说道:"这个贵族老爷的做法也太过分了,第三个仆人就算没有功劳,也有苦劳啊!他辛辛苦苦替老爷守住了这1000两银子,没有亏本,也是一件不容易的事儿啊!"

"可是这个贵族老爷看重的是结果,第三个仆人不能为他创造出直观的利益,就等于是一个废人!"朋友冷静地说道。

其实,在职场上,像薛欣这种"老黄牛"式的员工比比皆是,他们的思维总是"一根筋",工作起来一味地蛮干,丝毫不懂得变通,结果别人完成一项工作总是事半功倍,而他们却是事倍功半。最后,当身边的同事一个个加薪升职,备受老板的器重时,他们还在原地踏步,荷包不鼓,老板不爱。

为什么像老黄牛一样辛苦工作,任劳任怨,却换不回老板的一声赞扬呢?很多在职场失意的人或许都会发出这样的感叹,"没有功劳,也有苦劳啊"！殊不知，在竞争日益激烈的社会，老板首先考虑的是自己的公司能不能继续生存和发展下去，基于这样的考量，公司老板会越来越注重一个员工的业绩能力。

因此，能为公司创造出利润和价值的员工才算是一个合格的员工，才能博得老板的赏识，才能笑到最后。反之，一个人工作就算再努力，再废寝忘食，没有为公司创造出任何的业绩，再多的"苦劳"也是枉然。

很多人曾为此不平，高声呐喊："过程比结果更富于魅力。"其实，这句话放在职场上显得尤为可笑。因为，我们绝大多数人都需要努力工作，赚取薪水来养活自己，如果我们只注重工作的过程，不在乎工作的结果，那么企业又怎么会乐意为我们支付工资？

毕竟，世界上没有免费的午餐，天上更不会白白地掉下馅饼。

身为员工，必须要明白"没有苦劳，只有功劳"才是现代企业的生存法则。倘若一个人不能给公司创造出一定的价值和利润，一味地强调"苦劳"也挽不回老板的"芳心"。何不转换一下定势思维，创造性地工作，以结果和业绩为导向，提升自己的工作能力！

取舍是人生常态

台风过后，一片狼藉。街道两旁的大树被吹倒了很多，许多工人正在扶正那些倒斜的树。工人们总是先将靠树干下部的一些大的枝叶锯去，使得重量减轻，然后再将树推正。

一个行人看了，便问："将树的枝叶都锯掉了，它还能活吗？再说也难看了。"工人们都笑了起来，其中一个回答说："恰恰相反，锯掉一些枝叶，树的成活率才会更高一些。再说，不锯掉一些枝叶，太重了，把它扶正很不容易；要是再刮风的话，也会因为根基不牢，再次被风吹倒。"

台风过后的树犹如人失败后，从辉煌一下跌入惨淡的境遇，没有谁会就此罢休。要想再次成功，就得站起来，抛掉一切不必要的浮华和累赘，从头再来。这是一种勇气，也是一种升华。

孟子教育我们：鱼，我所欲也，熊掌，亦我所欲也，二者不可得兼，舍鱼而取熊掌者也。生，亦我所欲也，义，亦我所欲也，二者不可得兼，舍生而取义者也。

纷纷扰扰的红尘中，一路走来，我们怎能不被路边的各种欲望所诱惑？若是把所见的全部都加于身，那再强大的身体和心灵也无法承受其重量。

如果你放纵自己的贪心，便掉进贪婪的陷阱，会让自己的身心受累。正如埃及心理学家弗洛姆说："贪婪是一种会给人带来无限痛苦的地狱，它耗尽了人力图满足其需求的精力，可并没有给人带来满足。"

但人生是一种平衡，你拥有了这样，必然会错过那样，你什么都想得到，结果往往会失去更多。德国著名哲学家尼采曾说：人最终喜爱的是自己的欲望，不是自己想要的东西！

相反，在人生的旅途中，懂得取舍，随时剪除一些不必要的欲望，会拥有一个完整而充实的人生。

当然，大部分人不懂如何取舍，或者理智上懂得，情感上却无法支持理智。所以，不取舍，或是被动取舍，或是胡乱取舍，只能给自己的生活带来麻烦。人心在飘摇中，耗费了心灵，耗费了精力，耗费了体力，耗费了生命，更重要的是，耗费了生命本应有的欢乐与坦荡。

这个世界上美丽的东西有很多，对我们来说重要的是要学会取舍，该取的时候要取，毫不迟疑；该舍的时候要舍，不能留恋。因为可供我们选择的机会或许只有一次。属于我们自己的东西或许只能是沧海一粟。

懂得取舍，学会选择，才能拥有一份成熟，才会活得更加充实、坦然和轻松。学会选择就是审时度势，扬长避短，把握时机，明智的选择胜于盲目的执着。选择是量力而行的睿智和远见，放弃是顾全大局的果断和胆识。放弃了不属于自己的，才懂得珍惜属于自己的一切。唯有此时，幸福和快乐也许就已经离你越来越近了……

不要让事情左右你的心情

很多身处压力和挫折之中的人总羡慕那种无忧无虑的人，所以，许多人在长大之后回想起自己的童年时总会说，要是能像小时候那样就好了。我们当然无法回到童年，但如果我们想要少一点忧愁少一点烦恼，也不需要回到童年，只需要改变自己的心态就行了。

中国台湾著名作家王鼎钧曾经说过，人的一生要经历无数的风风雨雨，快乐与痛苦并存，顺境与困境交错。如果我们总是把挫折看成是绊脚石，那么将很难度过当下的逆境；但如果我们将挫折看成是铺路石，那绝对会顺利渡过难关。因此，我们应该始终保持笑对人生的积极心态，用乐观精神将人生道路上遭遇的挫折痛苦埋葬。

其实每一个人都无法避免人生中的困难与挫折，我们唯一能做的，就是改变自己的心态。只要拥有乐观的态度，我们总能找到快乐的理由，只要我们乐观地面对人生，不论遭遇怎样的痛苦或磨难，我们都会发现生活处处充满着阳光。

有的人在生活处于一团痛苦的时候，选择外出旅游，释放自己的忧愁，不得不说这其实就是一个乐观之举。因为他们没有任由负面消极的情绪称王称霸，而是选择敞开心扉，笑看人生，松弛一下脑子里紧绷的神经，如此乐观的生活态度不仅可以让人心情愉悦，还能让人保持更好的状态。

法国作家大仲马曾说："人生是一串由无数小烦恼组成的念珠，乐观的人是笑着数完这串念珠的。"快乐是一天，不快乐也是一天，既然我们无法阻止小烦恼的诞生，何不拿出自己积极向上的乐观精神，微笑着面对生活中的痛苦和哀愁呢？何不努力寻求派遣内心苦闷的方法，洒脱地跟痛苦的遭遇说拜拜，让天空重新飞满美丽动人的肥皂泡泡呢？

放眼古今中外历史，许多伟大人物都有着笑看人生的乐观精神。比如，惨遭宫刑的司马迁，非但没有颓废潦倒，反而奋笔疾书，最后写下被鲁迅先生赞为"史家之绝唱，无韵之离骚"的著作——《史记》；双目失明双耳失聪的海伦凯勒，并没有被残酷的命运击倒，而是奋发向上，乐观地面对生活，写出著作《假如给我三天光明》。

由此可见，再大的痛苦也不过就是高山上的冰雪，一旦被乐观的阳光所照射，它最终还是会慢慢消融，直至成为一道涓涓细流，滋润抚慰人的心灵。

江风是一个非常热爱生活的男人，他让人最佩服的一点是，不管他在生活中遇到什么倒霉事,他绝对不会让自己沉溺在悲观消极的情绪里超过一刻钟。

他总是对朋友说:"不开心的感觉就算只有一分钟,也让人感到难受。"因此,他凡事不较真,为人随和豁达,一旦意识到自己处于难受的状态,他会立刻跳出这个糟糕的坏心情,努力为生活找点乐子,给心情放个假,博自己一笑。

有一次,他在撰写稿件的时候,写着写着,突然感到有点口渴,于是准备起身给自己倒杯水。没想到,他抬脚的时候一不小心绊到了地上的电源,电脑的电源插头"啪"的一声从墙壁上的插座上掉了下来。这一下,可把江风给吓呆了,因为他辛辛苦苦撰写的文档,还没来得及保存。真是欲哭无泪,他深深地叹了一口气,决定先把这件事扔在一旁,喝水解渴才是正事。

喝完水后,他重新插上电源插头,打开电脑,撰写的稿件果然一个字都没留住。但他现在一点也不想继续写下去了,明显没有心情和状态。于是,他干脆选择放松自己的心情,点开了电脑桌面上的音乐软件,又给自己泡了一杯香浓的咖啡。就这样,他一个人静静地坐在沙发上,一边慢慢地品味着香醇的咖啡,一边细细聆听着他最爱的乐队的歌曲。

一个下午就在这种轻松闲适的氛围中过去了,江风的心情明显有了好转。他神清气爽地再次打开电脑上的 Word 文档,指尖在键盘上飞快地起舞,此刻的他思绪清明,文思泉涌,不消一个半小时的功夫,他就完成了这篇长达 3000 字的稿件。

以后,每次一提到这个事儿,江风就显得非常得意。他认为,不管遭遇什么痛苦,乐观绝对是最好的良药,人一旦轻松快乐起来,多给自己一点微笑，做什么事都是事半功倍。

确实，生活中的痛苦和失意随处可见，要是我们老被这些烦心事困扰、纠结，最后除了深陷情绪的泥沼无法自拔外，实在没有其他结局。既然这样，我们不如洒脱一点，笑看人生的起起伏伏和酸甜苦辣，痛苦若是执意要敲开我们的门，那就让它尝一尝我们内心的守护者乐观精神的厉害。

笑一笑才是更好的状态

众所周知，世界有许许多多的纪念日，比如国际妇女节、世界地球日、世界无烟日、国际护士节等，但是纪念人类行为表情的节日只有一个，那就是5月8日的"世界微笑日"。小小的微笑，竟然还会有一个专门的纪念日，这足见它的魅力之大！

佛经里有这样一个故事。

有一天，在灵山会上，大梵天王以金色菠萝花献佛，并请佛说法。可是，释迦牟尼一言不发，只是手拈菠萝花遍示大众，从容不迫，意态安详。

当时，会上所有的人和神都不能领会佛祖的意思，唯有佛的大弟子——摩诃迦叶尊者，妙悟其意，破颜微笑。于是，释迦牟尼将花交付给迦叶，并嘱告他说："吾有正法眼藏，涅槃妙心，实像无相，微妙法门，不立文字，教外别传之旨，以心印心之法传给你。"

这个故事就是有名的"拈花一笑"，佛祖在上面拈花，迦叶在下面微笑，佛法的传承就在无声的微笑中完成了，可见，微笑的力量实在不容小觑。

和陌生人初次打交道的时候，如果我们面带微笑，那么很快就能拉近彼此的距离，让对方感受到我们是友善真挚的人。不仅如此，由于我们的微笑，对方会觉得他自己也是受别人欢迎的人，而能够得到别人的认同，对于任何人来说，都是值得高兴的事儿。

对于很多商家来说，为了让顾客有一种宾至如归的感觉，微笑已经成为一种强有力的竞争手段。其中，又当以美国"旅馆大王"希尔顿的微笑服务最引人称赞。

1919年，希尔顿把父亲留给他的12000美元，连同自己挣来的几千元投资出去，从此开始了他的旅馆经营生涯。当他的资产从奇迹般地增值到几千万美元的时候，他立马回到家里，把这个让他既欣喜又骄傲的消息分享给了母亲。

可母亲的反应似乎有点波澜不惊，这让他始料未及，"依我看，你跟以前根本没有什么两样……事实上你必须把握比几千万美元更值钱的东西：除了对顾客诚实之外，你还要想方设法使来希尔顿旅馆的人住过了还想再来住，你要想出这样一种简单、容易、不花本钱却行之久远的办法去吸引顾客，这样你的旅馆才有前途。"

母亲的忠告让希尔顿如坠云雾，究竟什么方法才具备母亲所说的"简单、容易、不花本钱却行之久远"这四大条件呢？他绞尽脑汁，始终不得其解。于是，他开始频繁地逛商店、旅馆，以自己作为一个顾客的亲身感受，最后得出了一个准确的答案——微笑服务。

只有它才实实在在的同时具备母亲提出的四大条件，从此，希尔顿实行了微笑服务这一独创的经营策略。每天他对服务员的第一句话是："你对顾客微笑了没有？"他要求每个员工不论如何辛苦，都要对顾客展示自己最真诚的微笑。即使处于经济危机这样萧条的环境下，他也经常提醒旅馆的工作人员："万万不可把我们的心里的愁云摆在脸上，无论旅馆本身遭受的困难如何，希尔顿旅馆服务员脸上的微笑永远是属于旅客的阳光。"

微笑确实如同阳光，它总是能带给陌生人温暖，希尔顿旅馆的员工，时时刻刻做到了"笑脸迎人"，使得旅客对他们产生一种宽厚、亲切、平易近人的良好印象，从而大大地提升了希尔顿旅馆的知名度，来此旅馆住过的人，几乎没有不愿意当回头客的。

为了满足顾客的要求，希尔顿除了到处都充满着迷人的微笑外，在组织结构上，希尔顿也尽力创造一个比较完整的系统，以便旅馆成为一个综合性的服务机构。

因此，希尔顿饭店除了提供完善的食宿外，还设有咖啡厅、会议室、宴会厅、游泳池、购物中心、银行、邮电局、花店、服装店、航空公司代理处、旅行社、出租汽车站等一整套完整的服务机构和设施，使得到希尔顿饭店投宿的旅客，真正有一种"宾至如归"的感觉。

当他再一次询问手下的员工们："你认为还需要添置什么？"，员工们想破了脑袋，也想不出饭店还需要什么。此时，他突然笑着说道："还是一流的微笑！如果是我，单有一流设备，却没有一流服务的饭店，我宁愿弃之而去，住进虽然地毯陈旧，却处处可见到微笑的旅馆。"

日本著名的松下电器公司的老板松下幸之助曾说："以笑脸相迎，就是有偿服务。"简简单单的一个表情，只要我们发自真心，就能在嘴角荡漾起一朵温暖的笑花，一来，它不需要耗费我们时间、精力和成本，二来，它还能迅速让陌生人对我们产生好感。

人与人之间的沟通，原本就建立在彼此真诚相待的基础上，当我们因为陌生感而对彼此设下严重的心理防备时，微笑就成了双方进行良好沟通的稳固桥梁。它就像一个神奇的魔法师，当我们对别人展露微笑的时候，别人就会感到心情舒畅，从而回赠我们一个温情脉脉的微笑。我们都在微笑中，感知到彼此内心的善意和诚挚，然后悄悄融化不熟悉感所造成的冰雪天地。

如果我们还没有向陌生人时刻展示微笑的习惯，那从现在开始，我们就要努力对着镜子练习，时刻注意调整嘴角上扬的幅度，让其变得自然又美丽。让我们尽情地释放最自然也最温暖的笑容吧，让我们的微笑像一束灿烂的阳光一样，一路畅通无阻地抵达陌生人的心灵，给予他们最渴望的温暖，同时也为我们自己赢得宝贵的人心。

换一种心态看待困难

没有人能给生活贴上永久顺利的标签，但面对苦难的选择却不同。懦弱者尽尝烦恼，度日如年；畏难者被磨去锐气，把苦难作为安逸的摇篮；有志者自强不息，面对似乎是毫无希望的境遇，在苦难的荒野上开垦孕育成功的沃土。

苦难生活是一部深奥丰富的人生教科书。它吞噬意志薄弱的失败者，而常常造就毅力超群的成功者。司马迁"辱受宫刑面不辞"，发愤著述，终于写成《史记》这样的旷世之作；贝多芬的数部交响曲都是用理智战胜情感，甚至忍受着失恋的伤痛，靠着对事业追求不息的生命支撑点谱写而成的；丹麦的安徒生一贫如洗，他也常常流浪在哥本哈根的街头巷尾，但却成为世界文坛的名流豪杰；英国物理学家法拉第出身贫寒，当过学徒卖过报，但却百折不挠，发现了电磁感应定律，为人类敲开了电气时代的大门。在人类历史的长河中，具有"坦途在前，人何必因为一点小障碍而不走路"这样的豪迈气概，为科学和文明做出贡献的先驱者可谓满目皆是，翻览即见。

苦难可以使人产生清醒的自我意识。一个人对自我的行为进行反思往往需要时间与环境。在苦难中，人常常能"冷眼看世界"，相对比较冷静，会比较客观地分析自己的利弊长短、成败得失、优势和不足，并能够在较短的时间里选定聚焦突破的方向。已经付了的"学费"比较容易转化成对生活理解的真知灼见。因此，苦难是上天赐予我们的一件礼物，它给予我们力量和勇气。

苦难能培养人难能可贵的意志力量。长期的苦难生活可以锤炼人的精神品质，凝就毅力的持久性，培育出耐心、恒心、韧性和悟性。在人生的搏击中，毅力往往比智力更宝贵。

古往今来有许多这样的例子。有一个人由于家庭贫困没能上大学，17岁时得了伤寒和天花；这之后，肺病、关节炎、黄热病、结膜炎又接踵而至；26岁时不幸失去了听觉，在爱情的路上他也屡屡不顺。在这种境遇下，他发誓"要扼住命运的咽喉"。在与命运的顽强搏斗中，他的意志占了优势，在乐曲创作事业中，他的生命重新沸腾了。他就是德国著名的大作曲家贝多芬。

在一所大学的礼堂里，一位知名企业家正在举办一个讲座。因为企业家的成就和他传奇般的经历，台下座无虚席。讲座中，企业家讲到了他的创业史，那接连不断的挫折与磨难，那一次次置之死地而后生的传奇经历，使听众无不慨叹，同时对企业家充满敬意。

最后企业家说："苦难的确是人生的一笔财富，也正是苦难造就了今天的我。假如把我创业过程中经历的几次苦难标价的话，那么每次苦难的价值都要值几百万元。"

企业家刚说到这里，一位听众突然打断了他的话，问："先生，你说苦难是财富，书上也说苦难是财富，可我现在正承受着苦难，我却觉得它不但一文不值，而且简直就是个魔鬼，它把我的自尊、事业、财富、爱情都毁了！"这个人的话在听众中产生了共鸣，他刚说完，便又有人发问："先生，这个世界上不知有多少人在苦难的折磨中默默死去，难道对他们来说，苦难也是人生的一笔财富吗？"企业家听完类似的问话后笑了，然后讲了一个故事：

有一位著名的航海家，立下雄心壮志，要独自完成漂流大西洋的壮举，这在当时是史无前例的。有媒体记者说："如果你漂流成功，你的名字将永载史册，而且出一本记录生存体验的书，将会带来几千万元的收入。"航海家雄心勃勃地出发了，在大海上他凭着经验、智慧和信念，一次次和暴风雨搏斗，和饥饿、疲劳搏斗，战胜了一次次苦难，闯过了一道道险关。

可是，漂流了十几天，他看不到一点希望。不久，在一次和暴风雨搏斗时，他的指南针不慎掉进了大海，他只能凭着经验辨认方向。20多天过去了，他仍看不到陆地的影子。航海家开始怀疑自己的判断力，他认为自己在海上无意义地兜圈子。精神的疲倦、体能的下降、信心的丧失，渐渐使航海家失去了继续前行的勇气，终于，航海家绝望了，在一个大雾弥漫的早晨，他割腕自杀了。不久，一条出海的渔船发现了他的尸体。令所有人遗憾的是，据专家推算，他自杀时距海岸仅有几英里远了。航海家克服了那么多困难，唯独没有通过命运之神安排的最后一次"考试"。他在海上经历的所有苦难也就成了永远不为人知的谜，变得毫无价值。

讲完这个故事，企业家接着说："要把苦难变成人生的财富是有条件的，那就是你必须彻底战胜苦难，苦难本身并没有价值，它的价值是人赋予的。说苦难是人生的一笔财富，你必须从你经历的苦难中总结出宝贵的人生经验，并靠这些经验彻底战胜苦难，最终获得成功。而一个失败的人只会让别人产生怜悯和同情，哪有资格奢谈苦难是人生的财富。你是想让别人因你经历的苦难同情你，还是想让别人因你经历的苦难敬慕你？我想朋友们都会毫不迟疑地选择后者，那么请以你的信心、智慧、毅力给你的苦难赋予价值吧。"

人们都羡慕那光彩夺目的珍珠，却很少有人留意蚌那漫长的苦难经历。然而，如果你就是那个含珠的蚌，你就必须忍受沙砾的磨砺，才能让点点晶莹的"泪滴"凝成光彩夺目的珍珠。

遇到不幸，只需坦然

俗话说：水无常形，兵无常势。人生的失败、挫折也是这样，最重要的是你如何坦然面对它们。人的一生不可能一帆风顺，遇到挫折和困难是难免的，你不可能一直处于顺境，一直处于辉煌，当人生走到了顶峰必然会走下坡路，但要如何做到坦然面对、心态放平稳，用坦然迎接逆境对我们才是最重要的。

20世纪60年代初期，美国化妆品行业的"皇后"玛丽·凯把她一辈子积蓄下来的5000美元作为全部资本，创办了玛丽·凯化妆品公司。

为了支持母亲实现"狂热"的理想，两个儿子也辞去了较好的工作，加入母亲创办的公司中来，宁愿只拿250美元的月薪。玛丽·凯知道，这是背水一战，是在进行人生的大冒险，弄不好，不仅自己一辈子辛辛苦苦的积蓄血本无归，而且还可能葬送两个儿子的美好前程。

在创建公司后的第一次展销会上，她隆重推出了一系列功效奇特的护肤品，按照原来的计划，这次活动会引起轰动，一举成功。可是，"人算不如天算"，整个展销会下来，她的公司只卖出去15美元的护肤品。

在残酷的事实面前，玛丽·凯不禁失声痛哭，而哭过之后，她坦然反复地问自己："玛丽·凯，你究竟错在哪里？"

经过认真的分析，她及时调整了心态，坦然地接受了这一切。最后终于悟出了一点：在展销会上，她的公司从来没有主动请别人来订货，也没有向外发订单，而是希望女人们自己上门来买东西……难怪在展销会上有如此的结果。

于是她从第一次失败中站了起来。在抓生活管理的同时，加强了销售队伍的建设……

后来，玛丽·凯化妆品公司发展到现在成为一个国际性的公司，拥有一支20万人的推销队伍，年销售额超过3亿美元。

玛丽·凯能创造如此的奇迹，是她面对挫折时，坦然地面对一切，并着手开始自己的行动，最后获得了巨大的成功。

无论你做了多少准备，有一点是不容置疑的：当你进行新的尝试时，你可能犯错误，不管你是作家，你是运动员，你是企业家，只要不断对自己提出更高的要求，都难免失败。但失败并非罪过，重要的是要从中吸取教训。

古人去：前事不忘，后事之师。在克服挫败方面，古人已经给我们做出了太多的榜样，也留下了太多的遗恨。在社会竞争激烈的今天，挫折无处不在，若一时受挫而放大痛苦，将会终身遗憾。遭遇挫折就当它是一阵清风，让它你耳旁轻轻吹过；遭遇挫折，就当它是一阵微不足道的小浪，不要让它在你心中激起惊涛骇浪；遭遇挫折，就当痛苦是你眼中的一粒尘埃，眨一眨眼，流一滴泪，就足以将它淹没；遭遇挫折，不应放大痛苦。擦去身上的汗，拭去眼中的泪，继续前进吧！

失意时也不要悲伤

一个人如果沉浸在过去的痛苦经验中，怎么都走不出来，这是自己戕害自己。在生活中，最怕自己跟自己过意不去，总是为以前的失误、过错、挫败而唉声叹气，这样下去只能使自己没有出头之日。与其如此，倒不如痛快地忘记过去，以一种新的姿态重新开始，争取在最短的时间里赢得成功。这样就可以治疗你过去的痛苦。因此，治疗过去痛苦最好的办法不是唉声叹气，而是新的成功。

不要为已经失去的而难过，每个人都应当接受已经不可挽回的既成事实，忘记过去向前看。对此，莎士比亚做了精辟的诠释："明智的人永远不会坐在那里为他们的损失而悲伤，却会很高兴地去找出办法来弥补他们的创伤。"

著名的励志大师拿破仑·希尔说："当我读历史和传记并观察一般人如何度过艰苦的处境时，我一直既觉得吃惊，又羡慕那些能够把他们的忧虑和不幸忘掉并继续过快乐生活的人。"

生活中，我们必须面对现实，接受已经发生的任何情况，使自己适应，然后把它忘记，继续向前走。

荷兰首都阿姆斯特丹的一间中世纪老教堂的废墟上有一行字："事情是这样的，就不会是别样。"

在漫长的岁月中，你我一定会碰到一些令人不快的情况，它们既是这样，就不可能是别样，但我们也可以有所选择：我们可以把它们当作一种不可避免的情况加以接受，并且适应它，或者我们可以用忧虑毁了我们的生活，甚至最后可能会弄得精神崩溃。

哲学家威廉·詹姆斯给不幸的人们一个忠告："要乐于承认事情就是这样的情况，能够接受发生的事实，就是能克服随之而来的任何不幸的第一步。"

很显然，环境本身并不能使我们快乐或不快乐，我们对周围环境的反应才能决定我们的感觉。

在必要的时候，我们都能忍受得住灾难和悲剧，甚至胜过它们。我们也许会以为我们办不到，但我们内在的力量却坚强得惊人，只要我们肯去加以利用，就能帮助我们克服一切。

不管遇到什么，要保持一份平常的心态，不要让心态被眼前的事左右。得意容易忘形，失意容易沉沦，过喜容易轻狂，过忧容易悲伤。

保持好心态才会拥有惬意人生。漫漫人生路，既有晴朗的日子，也有阴霾的天气；既会有彩虹，也会有狂风骤雨。人生的变数太多，年轻人能做的就是保持自己的良好心态，不管遇到什么，都可以拨开迷雾，走上正确的路。

伟人身上值得年轻人学习的地方有很多，从中不仅可以练就自己严谨的思维和聪明的智慧，还可以培养自身的一种良好心态。诺贝尔奖的创始人——诺贝尔的成功就来自于他的正确的心态。

诺贝尔是瑞典人，他从小体弱多病，但意志坚强，不甘落后。他的父亲喜欢化学实验，常常讲科学家的故事给诺贝尔听，鼓励他长大做一个有用的人。

有一次，小诺贝尔看见父亲在研制炸药，就睁大圆溜溜的眼睛问："爸爸，炸药伤人，是可怕的东西，你为什么要制造它呢？"父亲回答说："炸药可以开矿，筑路。许多地方需要它呢？"诺贝尔似懂非懂地点点头，说："那我长大以后也做炸药。"这句话造就了一个巨人诺贝尔。

可是，从事炸药的研究是一项十分危险的工作。有一次，诺贝尔在实验室试制炸药发生了大爆炸，当场炸死了5个人，其中包括诺贝尔的弟弟，他的父亲也受了重伤。这个祸事发生后，周围居民十分恐慌，强烈反对诺贝尔在那里制造炸药。诺贝尔没有被这次爆炸吓倒，他把设备转移到附近的马拉湖，在船上继续他的试验。

失去亲人对于每个人来说都是一种极大的痛苦，况且诺贝尔的亲人的失去是因为自己的实验造成的。成功需要的就是代价，诺贝尔并没有放弃自己的事业,这就是忧而不伤的诺贝尔,生命的失去不能失而复得,痛苦的回忆和往事并不能更改,时光也不能倒流,一个巨人应该做的就是,拾起悲伤的过去,站起来重新面对。

不管眼前是苦是甜,是悲是喜,生命的意义是展望,年轻人拥有的就是能展望的资本,不管遇到什么,拥有淡然的、平常的心态,会让你更理智的展望未来。

生活,还是要乐观

为了研究人的心态对行为到底会产生什么样的影响,一位心理学家做了一个实验。

首先,他让十个人穿过一间黑暗的房子。在他的引导下,这十个人都成功地穿了过去。

然后,心理学家打开房内的一盏灯。在昏黄的灯光下,这些人看清了房内的一切,都惊出了一身冷汗。这间房子的地面是一个大水池,水池里有十几条大鳄鱼,水池上方搭着一座窄窄的小木桥,刚才他们就是从小桥上走过去的。

心理学家问:"现在,你们当中还有谁愿意再次穿过这间房子呢?"没有人应答。过了很久,有两个人站了出来。

其中一个小心翼翼地走了过去,速度比第一次慢了许多;另一个走到一半时,竟趴下了,再也不敢向前移动半步。心理学家又打开房内的另外九盏灯,灯光把房里照得如同白昼。这时,人们看见小木桥下方装有一张安全网。由于网线颜色极浅，他们刚才根本没有看见。

"现在，有谁愿意通过这座小木桥呢？"心理学家问。这次有八个人站了出来。

"你们为何不愿意呢？"心理学家问没有站出来的两个人。"这张安全网牢固吗？"这两个人异口同声地问。

很多时候，成功就像通过这座小木桥，失败的原因恐怕不是力量薄弱，而是由于周围环境的威慑。面对险境，很多人就失去了平衡的心态，慌了手脚，乱了方寸。

保持良好的心态才会在逆境中崛起，保持良好的心态才能取得成功，从古至今概莫能外。

贝多芬一生不乏坎坷挫折。在他人眼里，贝多芬不过是一个又聋又疯的音乐痴。双耳失聪对于一个投身音乐事业的人来说已是一种致命的打击，他人的不理解与内心的孤寂更增添贝多芬内心的抑郁，可他没有被击倒。

人生总有坎坷。纵然前方荆棘铺路，也要时时燃起心中那盏不灭的心灵之灯，指引我们走出心灵的困惑。让强烈的精神意识把我们从黑暗中解救出来，摒除外界的干扰，走向成功的殿堂。

一个人的个性是什么样的，与他到底能成就什么样的事是有密切关系的。狭隘、保守、自私者也可以有一点作为，但绝不能有大作为，因为在他狭隘的人生境界中，体验不到良好的个性，如乐观、进取、开朗这些能让人产生积极心态的力量。

虽然在某些事情上，我们可以表现出积极乐观的心态，但如果想在任何事情上都能做到这样，则不是一件容易的事。就像拿破仑·希尔指出的那样："积极的心态需要反复的学习与实践。就像我们打高尔夫球那样，你可能在某个时刻打了一两杆好球，便以为自己懂了这项运动，但在下一个时刻，你可能连球都击不中！我们需要每一天的学习，以克服自己的负面习惯，将自己调整为正向的思维方式。"

面对困难和折磨，许多人总以为自己的能力不够，或者没有什么强项可言。因此，常常心灰意冷，毫无进取的斗志，陷入悲观的境地中无法自拔。然而，一个身处逆境却依旧乐观的人，具有更多获得成功的潜质，也会比一旦陷入困境就立即崩溃的人获益更多。

人们天生就喜欢与和谐乐观的人相处。我们看那些忧郁愁闷的人，就如同看一幅糟糕图画一样。所以，你不应该做糟糕情绪的奴隶，一切行动皆受制于自己的消极情绪；你应该反过来控制自己的情绪，让自己随时拥有乐观的心态。

无论周围的工作境况怎样不利，你都应当努力去改变它，把自己从黑暗中拯救出来。当你拥有乐观的心态，有勇气从工作的压力中抬起头来，面向光明大道走出去后，便不会再被阴影笼罩了。

但是，一般人处于逆境或是碰到沮丧的事情，或是处于充满凶险的境地时，往往会让恐惧、怀疑、失望的情绪来捣乱，丧失自己的意志，以致使自己多年以来的工作计划毁于一旦。

有一个聪明能干的年轻人，自创了一番事业，但他有一种不好的习惯，就是喜欢和人谈论他自己的事业不好，成天活在悲观之中。只要有人问起他的事业，他总是说："糟糕得很，没有生意上门，什么都没得做，仅能马虎度日。没有钱赚，我经营这种生意是我极大的错误。如果是领薪水生活，我应该可以过得很好。"

久而久之，此人养成了悲观的习惯，就算营业状况很好，他仍发散出使人泄气的气氛，说出使人丧气的话，也会使人觉得疲乏与厌烦。

真是可惜，这样有希望与可塑性的青年，竟会如此压抑自己的雄心壮志，毁灭自己的前途。这样的消极状态和习惯对一个创业者而言，是非常致命的，因为悲观的情绪会传染，继而摧毁其他员工对公司的信仰。

不可否认，成功与机遇总是伴随着乐观积极的人，失败总是伴随那些消极悲观的人。作为还在人生路上打拼的你，只要敢于正视未来，选对积极心态，敢于对"不可能"说不，你一定能成功。

打开你的心灵之门

生活的变幻莫测，常常会让人们不小心掉入情绪的苦闷中，甚至久久不能自拔。每当这时，心灵就会套上一个重重的枷锁，阻碍着心灵的健康成长，束缚着人们的手脚。

有的人因为自己的生活贫苦、地位低下便生自卑心理，进而刻意地把自己孤立起来，我行我素，不能很好地处理周围发生的事情，故步自封，画地为牢，以致丧失了许多适于自我发展的机会。

有的人因一度争强好胜，不能正确面对种种挫折和打击，觉得生活暗淡无光，没有希望，失了自信心，以致出现了因为一件事情没做好就轻易地草草结束了自己的生命，不仅给家庭蒙上一层不可磨灭的阴影，也给他人乃至社会造成不良影响。

还有一些人自尊心太强而心理素质极差，因为不能正确面对人生中的各种竞争，出现失眠、焦虑、忧郁等心灵病态，这种不良情绪的长期压抑，使一些不能及时正确处理的人出现了人格上的缺陷，甚而有的走上了犯罪道路。这些都成为人们心灵上的沉重枷锁，不时扭曲着心灵的健康成长，为人们的身体和生活造成很大的危害性，这些都应该引起人们的足够重视。

孔子的学生子路和冉求，一个性格好强上进，一个生性柔和迟缓。

有一次，子路问孔子："对一件事情，是不是一想到就要去做？"孔子意味深长地说："还有父兄师友在，怎么能一想到就做呢？"

不久，冉求也提出了这个问题。孔子马上干脆地回答："一想到就要去做，不然哪里有时间做呢？"

有人觉得奇怪，为什么同样的问题会有两个答案。孔子解释说："冉求柔和近于畏缩，因此需要鼓励他；子路好强近于急躁，因此需要警醒他。"

对不同的心灵枷锁，要用不同的钥匙开启，但有一个相同的目标就是不断为自己培养一个健康的心灵，为自己营造一种喜乐的人生。许多被心灵枷锁折磨的人缺少的就是一种心灵的平安、宁静，常常被一些生活中的琐事困扰，为一些不断滋生的大大小小的欲望操纵，为一些得失或喜或悲，缺少一种平常心。

倘若有了一种平常心，就不会轻易地为自己套上一副心灵的枷锁，也就能很轻易地清除掉心灵中偶尔被粘上的小污点，能够坦然地直面人生。以平常心行事，一切顺其自然，反而容易有更好的表现，过分在乎往往导致失常。

除了让自己拥有一颗平常心外，还要不时地把封闭的心门向外界敞开，让外界的光明和温暖滋润心田，让自己的心灵之窗变得明亮、透明。开启心之门，让心灵变得外柔而内刚，不仅能直面和接纳各种突如其来的袭击，而且能更好地将腐蚀心灵的东西从心灵深处清除，能以更强的信念去迎接更多、更大的挑战。

人与人之间的心门都只需轻轻一推，便可走进彼此的心灵世界，可是大家却偏偏没有勇气将自己的心门开启一道小缝，抑或是站在别人的心门之外好奇地从那一道小缝向里窥视，却不肯叩开对方的心门，于是，空留那惆怅在凄清中守候，在顾盼中流连。

假如我们彼此能够合力搭起一座连心的桥梁，我们就可以走到一走，相识相交相知，成为心灵相通的朋友和肝胆相照的兄弟。可是，就因为平时各自设下了一道心理的防线，让你我只能擦肩而过形同路人。

真知灼见源于生活实践和长期积淀。最发人深思的哲理，往往不在于文字的玄妙，而恰恰在于最普通、最寻常的生活感受。表面上去读，也许并不华丽，但却蕴藏着极其丰富的内涵，它蕴含着一个人的生活经历和切身的体验。

也许你关闭心门正是为了憋足了一股劲，执着地追求既定的人生目标；也许你正艰难地跋涉于泥泞的沼泽，依然不希望他人的援手，因而关闭起了你的心门。可是，你可曾想过，你无视了他人的关注，你冷漠了他人助人为乐的好心，也使自己陷入不可自拔的艰难境地。

不要把自己封闭在狭小的情感小屋内，尝试着启开自己的心门，让你心灵的世界阳光普照。也许，你还耿耿于怀曾经受到的伤害，可是你为什么不好好想想，你曾经拥有的快乐与温馨？你为什么不去拾取记忆的珍珠，去回味一下你生活喜悦与甜蜜？去体验一下你生活中的七彩阳光？你或许恨过、爱过、笑过、哭过，风里雨里，雪里雾里，那时的心门，你是向你所信赖的所有的亲朋好友敞开着，你让他们分享着你的欢乐与痛苦，收获与喜悦。

也许就是因为某一次，不经意间受到了那么一点小小的伤害，你就自以为看破了红尘，捂住你受伤的心口，躲进了那间密不透风的精神小屋，去舔你那滴血的伤口，残忍地把一双双满含期待饱含关注的眼睛关在了你的心门之外。然后，你自怨自艾世态的炎凉，人情的冷漠，为自己落魄的心灵安上了一把锁，你从此再也不愿打开心窗给他人送去一个微笑，或者友好地跟人打声招呼，任凭心灵的沼泽生发出发霉的绿苔。

其实，这又是何苦呢！天还是那么高，地还是那么阔。外面精彩的大千世界，鱼儿还在水中游，小鸟还在树上唱，艳阳还在当空照，小河还在哗啦啦地淌。你何必让自己的心灵日复一日地遭受愁苦闷郁孤独的煎熬？也许昨日的伤痛曾占有你的梦境，孤雁的悲鸣曾黯淡过你的旅程，请不要冻结你空旷的心灵。只要有明媚的心境，敞开你的心门，卸去你心头的负荷，你定能沐浴和煦的晨晖，拥抱灿烂的阳光。

做个传播快乐的天使

英国励志大师奥里森·马登在他所著的《高贵的个性》一书中这样说："我们需要承担一种责任，那就是总是保持快乐的心态，没有其他责任比这更为重要了。通过保持快乐的心态，我们就为世界带来了很大的利益，而这些利益我们自己甚至还不知道。"

瑞典杰出歌唱家詹妮·林德正和一个朋友散步时,看见了一个老妇人摇摇晃晃地走进了一间救济院的大门。于是,她的同情心突然之间被激发了,然后,她也走进这扇大门,假装是要在那儿休息一会儿,她希望借此机会送给这个穷妇人一些有用的东西。

然而,让她吃惊的是,这个老妇人随即开始和她谈起了她所仰慕的"詹妮·林德"。那老妇人说:"我已经在世上活了很长很长时间,在我死之前,我没有别的想法,我只是特别想听听詹妮·林德的歌声。"

"那会让你感到快乐吗?"詹妮问道。

"是啊。但像我这样的穷人是没办法去音乐厅的,所以也许我永远听不到她的歌声了。"

"请别那么肯定,"詹妮说,"请坐,我的朋友,听我唱一首吧!"

她开始歌唱,并且带着一种真诚的喜悦,唱了她最拿手的一支歌曲。

老妇人非常的高兴,接着又觉得有一点儿困惑,因为那年轻的女子竟然对她说:"现在,你已经听过詹妮·林德的歌声了。"

比玫瑰花的香更为甜美的是名誉,而这种名誉是因人类善良、仁慈和无私的本性所带来的;一种随时准备为他人做好事的品格会转化为你自己的力量。听听那些作家们是怎样认识这一点的。"思想上的甜美,"赫伯特说,"会作用于你的身体、服饰和居室。"所以,塞万提斯谈到某个人时,曾经说他的脸就像是对人的一个祝福。而贺拉斯·史密斯则说:"彬彬有礼、温文尔雅看起来非常好。"诗人阿姆斯贝理更是感慨地说:"具有善良、温柔、优雅的个性,在同情他人时表现得慷慨大方,并且时刻关注你身边那些有教养的人——那么你将受到人们对你的崇敬和赞美。"

有些人生来就是快乐的，无论他们身处的环境怎样恶劣，他们总是高高兴兴的，对任何事情都很满意。在他们的眼中，漫长的人生好像是度过了一个长长的假期，他们的视力所及之处都是愉悦和美丽。当我们遇见他们时，他们给我们的印象又好像是刚刚遇见了什么幸运的事情，或者是好像有什么喜讯要告诉我们一样。如同蜜蜂从每朵盛开的花朵中采集完蜂蜜那样，他们还具有一种提炼快乐的炼金术，甚至可以让布满阴霾的天空充满灿烂的阳光。

在生活中，最迷人的人总是那种拥有最吸引人的品格的人，而不是那些外表最美丽的人。我们没必要对如何去感受他的伟大来做一番介绍，如果在一个寒冷的日子，你在大街上遇见这样一个开心的人，你就会觉得似乎气温又上升了几度，天气一下子暖和了许多。

真正快乐的人有两个主要特征，就是注重礼仪和为他人着想。"你会陷入某种绝望悲伤的境地吗？如果会，那么请暂时地忘记它，请保持优雅的心态。"这些观点是多么适合用来做每个青年人的座右铭啊！

做个传播快乐的天使吧，你的人生会因此而轻舞飞扬。

驾驭情绪的烈马

情绪与人是如影相随，一直萦绕并影响着人们的生活。可到底什么算是情绪呢？说复杂了就难以精确地下定义，但简单地说，人因为好事而开怀，因为坏事而伤心，这就是情绪。

情绪如旷野之风，如脱缰之马，难以琢磨与控制。如何用理性来控制自己的情绪，避免自己在情绪的支配下感情用事，这才是人们在生活中应该努力学习的。

当我们是几岁的小孩子时，伤心就哭，开心就笑，愤怒时甚至可以将水杯摔在地上。那时的情绪都写在脸上，体现在动作中，人们反倒认为是可爱的。而作为成年人，若还是孩子气十足，则不仅不可爱，而且让人生厌。一个人因情绪冲动而造成的人际关系紧张、生活和事业遭受挫败的现象，在生活中再常见不过了。有研究认为，控制冲动主要是控制人的愤怒情绪，对愤怒情绪的控制能力标志着一个人的品行水准。一个人如果容易发脾气，那是对自己和他人的双重伤害。

一个人要做事成功，其最大的障碍不是来自外界，而是源自自身，除了力所不能及的事情做不好之外，自身能做的事却不去做或做不好，那就是自身的问题，是自制力的问题了。一个成功的人，其自制力表现在：大家都做但情理上不该做的事，他能克制自己不去做；大家都不敢做但情理上应该做的事，他会强制自己去做。

你如果能恰当地掌握好自己的情绪，那么你将在别人的心目中留下"沉稳、可信赖"的形象，虽然不一定因此获得重用，或者在事业上有立竿见影的帮助，但总比不能控制自己情绪的人要好得多。驾驭好自己的情绪，增强自控能力，是人生走向成功的一个重要因素，也是成功人生的重要法则之一。

坏情绪是一种心灵上的阴云，它遮蔽了人生道路上的太阳。那些沉浸在悲伤情绪中的人，他们心中的天空好像总是充满阴霾，总在下雨……

对于人生可以确定的是，每个人都曾遇到过令人难以应付、令人失望的逆境，但有些人却会利用逆境使自己成长，而有些人则会觉得自己已经被击败，两者之间的差异并非人生的幻灭和失望，而是看待人生的方式。

受困于坏情绪的人们应该从心灵的角度，调整面对逆境的心态。

要承认自己也有无能为力的时候。正在经历心灵创伤的人都会产生无助感，他们无法采取任何作为来影响、改变或阻止坏事的发生，无论是发生洪水泛滥还是亲人逝去。如果一个人在人生的过程中体验过那种无助的感觉，就有可能误以为这种无助是自己的天生个性使然，进而还会渐渐地以为，无论自己如何努力尝试改变命运都是没有用的，一切努力都是徒然的。但当一个人愿意承认自己有时是无能为力时，那么他就不会去尝试尽力操控事件。同样的道理，这样的体验也使我们明白：某些意外事件我们是无力阻止其发生的；有些伤痛是无法避免的；伤痛的发生并不意味着我们的出发点是坏的、动机是错的或做得不够。

意大利有一句谚语："水果成熟前，味道也是苦的。"苦涩的感觉是我们每个人成长与内心沉稳前必然经历的一部分。我们可能常常这样自语："为什么是我呢？为什么人生总是与我做对，这太不公平了。"有谁不曾有过这种感觉呢？然而，如果你任由自己深陷于怨恨与绝望之中，那你就永远无法在人格上成熟起来。痛苦的境遇就像是撒落在田野上的肥料一样，可以促进自我的成长，田野中的禾苗会因为受到耕耘施肥而更茁壮健康地生长。

我们的人格并非一开始就发展得很完全，相反的，它是经过日常生活的竞争和磨炼之后才日臻完善的，正像一块铁在炉火中经过铁匠的千锤百炼才能成形。没有任何人可以躲过伤痛和坏情绪，因为避开它会迫使我们无法面对自己的内心世界及外在世界。唯有敢于面对坏情绪，心中的自我才能获得自由的呼吸，也唯有能自由呼吸，生命才得以维持。

究竟什么障碍使人无法摆脱坏情绪呢？无法摆脱坏情绪的原因可能有很多，如我们深陷悲伤中的某个特定环节；所处环境的条件不利于我们表达伤心悲痛的痛苦情绪；失去所爱或失去一种情境造成的矛盾过于强烈，而自己又无法公开面对等等，各种以负面方式的影响造成我们悲观失望的过程。

根据弗洛伊德的解释，摆脱坏情绪的目的就是使人不要过度将精神耗费在对失去的人、地方或情景的回忆上。我们可以看清楚，生活中复杂的悲伤过程和不正常的坏情绪的产生过程，基本上是类似的。当我们自然地感受内心情绪的力量和深度时，坏情绪与心灵创伤的伤口就会开始化解，若如此，便等于打开一扇通往改善自我的心灵之门。

心绪不佳、烦恼苦闷的人，看周围一切都是黯淡的，即使他看到高兴的事也笑不起来。这时候如果能有合适的办法，就有可能让他高兴起来、笑起来，一切烦恼就会丢到九霄云外了。关键是要摆脱压抑内心、制造烦恼的心魔，这不仅能去掉烦恼，而且可以调解不良情绪，促进身体健康。

其实，生活本身是苦乐参半的，如果每一个人都能静心反省一下，一定会打心底认同这种说法。仅仅只追求欢乐根本无法令人满足，如果一味追求生活在光明之下，那也是违反自然规律的。心态平衡才是最重要的人生态度，也是在欢乐与痛苦、黑暗与光明之间的斗争中，能保持平衡状态的根本保证。

我们只有适时地转化那紧绷的坏情绪，才能进入较好的心态平衡中。当我们开始注意到某种不愉快的情绪出现时，应该马上用积极的心态将之消除。如果我们能理解并处理好这些痛苦与不悦的矛盾，就会使我们的思想认识提高一个层次，此时的痛苦经历就可以变成将来幸福的回忆，支持并指引我们走向快乐的人生。

别做"不幸"的制造商

对于任何人而言，幸福应该是最基本的人生目标之一。然而，幸福必须是赢来的。赢得它也并不十分困难，具有坚强意志、知道正确方法而切实履行的人，也都是能成为幸福的人。

在火车的餐车上，有位太太身上穿着名贵的裘皮大衣，上头缀着璀璨夺目的钻石，然而不知是什么原因，她的外表看起来却总是一副不悦的样子。她几乎对于任何事都表示抱怨，一会儿说："这趟列车上的服务实在差劲，窗没关严，风不断地吹进来"，一会儿又大发牢骚："服务水准太低，菜又做得难吃……"

不过，她的丈夫却与她截然不同，他看上去是一位和蔼亲切、温文尔雅且宽宏大量的人。他对于太太的举止言行似乎有一种难以苟同而又无可奈何的感受，也似乎相当后悔与她同行。

他礼貌地向沉默的同车人打了个招呼，同时做了一番自我介绍。他表示自己是一名法律专家，又说："我内人是一名制造商。"此时，他脸上露出一种奇怪的微笑。

听完他所说的话，几位同车人感到相当疑惑，因为他的太太看起来一点也不像个企业家或是什么经营者之类的人物。于是，一位同车人不禁疑惑地问："不知尊夫人是从事哪方面的制造业呢？"

"就是'不幸'啊，"他接着说，"她是在制造自己的不幸！"这位先生脱口而出的话一语中的，很贴切地道出了这种人的实际情况。

事实上，在我们的四周充满了正在为自己制造不幸的人。严格说来，这种情况实在值得人们予以关注，因为，那些足以破坏我们幸福的外在条件或因素已经太多了，如果我们还继续在自己的心中制造不幸的话，那么，真可以说是不幸之极。

人们之所以会给自己制造不幸，其主要原因是由自己心中存有的不幸想法所致。例如，总是认为一切事情都糟糕透了；别人之所以富有，肯定是拥有非分之财，而我们辛苦一生却没有得到应得的报酬等等。

此外，不幸的想法往往会把一切怨恨、颓丧或憎恶的情绪深深地埋藏在心底，于是不幸的程度在日益加深。那位夫人拥有别人期盼的钻石，但是，她已拥有的财富并没有将她排除在自己制造的不幸之外，因为人们自己在制造不幸时，是因为自己内心的不满意，而与外界无关。

世界上没有一个人会因烦恼而获得好处，也没有人会因烦恼而改善自己的境遇，但烦恼却有损于人的健康和精力，甚至会毁灭生活和幸福。

一个把大量的精力和时间都耗费在无谓的烦闷上的人，不可能全部发挥他固有的能力，只能落得一个庸庸碌碌、无所作为的境地。烦恼这个东西会分散一个人的精力，阻碍一个人的志向，减弱一个人的力量，并真正损害他的健康。

烦恼对一个人的工作质量也会有十分明显的影响。在情绪紊乱的时候，人在自己的工作上绝无出色的表现，因为情绪紊乱会使人失去清晰思考和合理规划的能力。正常的大脑一旦被灌注了烦闷的毒汁，注意力就再也不能够集中了。

烦恼不仅会使人的心灵衰老，还会使人的面容衰老。

一个人若是整天处在烦恼之中，生命便会消磨得很快，有些人未到中年就已经显出衰老迹象，大概就是这种原因所致。有些正当青春的女子，娇好的面容上却布满了皱纹，但这既不是她们做了苦工，也不是她们境遇困难，而是因为她们在日常生活中不断"享用"自己制造的烦恼。这些烦恼给予她们的家庭是不和谐、不快乐，给予她们自己的则是衰老。

对于我们普通人来说，驱除烦恼最好的方法，就是让自己常常保持着一种愉快的心态，而不要只去想生活与工作的不幸。在烦恼的时候，我们还是要用希望来替代失望，用勇敢来代替沮丧，用乐观来代替悲观，用宁静来代替躁动，用愉快来代替愁闷就够了。那样的话，烦恼在我们的心灵中就无处生存。

请记住：谁都可能遇到挫折和烦恼，但是别天天愁眉苦脸，让自己成为"不幸"的制造商。

融化痛苦的冰川

痛苦会使痛苦者处于一种极端的状态，它有可能毁灭一个人。痛苦能打破一个人的心理平衡，使他陷入长期的内疚、愤怒、自责、苦难、沮丧以及悲惨和顾影自怜的孤独之中。这时候，痛苦是毁灭性的，它留给人们的不仅是脸上的皱纹，还有心灵上的创伤，甚至会夺走受害者的生命。

痛苦还会影响到一个正常人的判断力，它会使我们的生活处在混乱之中。陷于痛苦中的人，难以像平常人那样去对周围的事物做出准确评判；难以像平常人那样去享受生活中的种种乐趣。因此，当你不幸正处于失落、痛苦、悲伤时，千万不要惊惶失措，不要被痛苦表面的可怕影像所吓倒，以免自己的生活更加凌乱，一发不可收拾。

在你面临极大的悲伤与失落时，最好不要做出任何人生重要的决断，哪怕是环境需要或迫不得已，因为处于悲伤中的人，判断力往往不足，一旦你做出了错误的判断，又会导致你的坏情绪加重，形成可怕的恶性循环。

懊悔使生活不安，而已做出的选择又无法收回，所以我们在悲伤时选择应该慎重一点！多普勒在他的《未来的冲击》一书中，写道："人类有着高度的应变能力，却也有限度，不可能无限制地适应。"

当我们的生活突然改变时，包括突发性的、戏剧性的甚至是奇迹般的改变，我们都应该记牢多普勒所说的"心理稳定带"。稳定带能够帮助我们稳定情绪，维持生活常规，这就好比机器宜在一定速度中运转，不宜忽快忽慢。

因此，我们应该保持生活和心理上的稳定，并且要对生活中的其他方面：如睡觉和饮食习惯、娱乐和社交活动以及生活等方面的变化有心理准备。一般来说，那些能够带来太多变化的重大决断，在你身处痛苦时都应该暂缓。

悲伤、痛苦容易使人遗忘明显而重要的事情，特别是对于过去生活中那种舒适、安逸的体验。悲伤的人应强迫自己创造能使自己愉快的事情，这才是自爱行为，简单来说就是自我关怀活动。从悲伤、痛苦中挣脱出来，进行心理复原应该是一件完美而自然的事情。

如同放牧羊群，根本不必去控制它们，因为辽阔丰饶的草原已经能很好地滋养它们。同样，当人处于失落状态的时候，也需要心灵上的一处绿洲。悲伤的人如果真能追求到舒适与慰藉，那么失落感的阴影就不会笼罩他们。所以战胜悲伤最可靠的方法，就是用信念和意志去战胜痛苦。

我们不会无限期地听从痛苦的摆布，我们能够忍受痛苦的限度和将要达到目的的重要性之间是要画上等号的。若一个人甘冒生命危险去得到一种满足感，其背后自有支持他这样做的正当理由。如：为了把心爱的人从危险中拯救出来，而甘冒生命危险；战时，许多人不惧怕死亡去保卫国家。

我们常看到生活周围有些人深陷种种艰难困苦时，依然过得快乐而有自信。有些人更为了一种更高尚的目标，为了人类的未来，而不惜牺牲世俗的快乐，甚至为了人类而遭迫害也不在意。因此当我们选择了信仰，也就选择了一种承担。我们之所以能克服坏情绪，是因为我们知道自己的信念是正确的，而且是自愿去承受的。如果说我们甘愿经历痛苦，那是为了得到使我们一生中更加灿烂的东西。所有这些，就是用信念来治疗痛苦的含义。

痛苦是一种毁灭自我的力量，但是痛苦也为我们提供了一个磨炼的机会，尽管它使我们无法享受那种安逸的生活。有人曾说："我相信，苍天不会给尚未经历过磨难的人太多的幸运。"的确，磨难使我们在苍天面前变得成熟稳重起来，这是在安逸的生活中无论如何都做不到的，所以人们常说，刀在石上磨，人在苦中练。在与悲惨命运搏斗的当口，我们会感觉到自己完完全全地处于一种正在升华的意志之中。

只有经历过磨难的人，才能对生命有深刻的认识；也只有经历过磨难的人，才能够充分享受对人生的美好祝愿。只有坚定、强烈的生命意志的人，才是不回避痛苦的乐观主义者，他们会心甘情愿地把痛苦当作是生活的馈赠。他们会怀着这样的信念：即使人生是一杯苦酒，也要把它喝得有滋有味；即使人生是一场悲剧，也要把它演得有声有色；即使生活欺骗了自己，也要对生活怀着感激之心。有坚定生命意志的人，会从自身寻找勇气和决心，置痛苦于不顾，一如既往地坚持自己的目标。这种坚定不移的精神可以移山倒海，甚至可以建立起一个国家。

给自己一点心理补偿

心理失衡的现象在现代竞争日益激烈的生活中时有发生。大凡遇到成绩不如意、高考落榜、竞聘落选与家人争吵、被人误解讥讽等情况时，各种消极情绪就会在内心积累，从而使心理失去平衡。消极情绪占据内心的一部分，而由于惯性的作用使这部分越来越沉重、越来越狭窄；而未被占据的那部分却越来越轻、越变越空。因而心理明显分裂成两个部分，沉者压抑，轻者浮躁，使人出现暴戾、轻率、偏颇和愚蠢等难以自抑的行为。这虽然是心理积累的能量在自然宣泄，但是它的行为却具有破坏性。

这时我们需要的是"心理补偿"。纵观古今中外的强者，其成功之秘诀就包括善于调节心理的失衡状态，通过心理补偿逐渐恢复平衡，直至增加建设性的心理能量。

有人打了一个颇为形象的比喻：人好似一架天平，左边是心理补偿功能，右边是消极情绪和心理压力。你能在多大程度上加重补偿功能的砝码而达到心理平衡，你就能在多大程度上拥有了时间和精力，信心百倍地去从事那些有待你完成的任务，并有充分的乐趣去享受人生。那么，应该如何去加重自己心理补偿的砝码呢？

首先，对自己要有一个合理的评价。情绪是伴随着人的自我评价与需求的满足状态而变化的。有的人就是由于自我评价得不到肯定，某些需求得不到满足，又未能进行必要的反思，调整自我与客观之间的距离，因而心境始终处于郁闷或怨恨状态，甚至悲观厌世，走上绝路。由此可见，我们一定要学会正确估量自己，对事情的期望值不能过分高于现实值。当某些期望不能得到满足时，要善于劝慰和说服自己。为了能有自知之明，常常需要正确地对待他人的评价。因此，经常与别人交流思想，依靠友人的帮助，是求得心理补偿的有效手段。

其次，必须意识到你所遇到的烦恼是生活中难免的。心理补偿是建立在理智基础之上的。人有七情六欲，遇到不痛快的事自然不会麻木不仁。没有理智的人喜欢抱屈、发牢骚，到处辩解、诉苦，好像这样就能摆脱痛苦。其实往往是白花时间，现实还是现实。明智的人勇于承认现实，既不幻想挫折和苦恼会突然消失，也不追悔当初该如何如何，而是想到不顺心的事别人也常遇到，并非老天跟你过不去。这样你就会减少心理压力，使自己尽快平静下来，对事情做个客观分析，总结经验教训，积极寻求解决的办法。

再次，在挫折面前要适当用点"精神胜利法"，即所谓的"阿Q精神"，这有助于我们在逆境中进行心理补偿。例如，实验失败了，要想到失败乃是成功之母；若被人误解或诽谤，不妨想想"在骂声中成长"的道理。

最后，在做心理补偿时也要注意，自我宽慰不等于放任自流和为错误辩解。一个真正的达观者，往往是对自己的缺点和错误最无情的批判者，是敢于严格要求自己的进取者，是乐于向自我挑战的人。

记住雨果的话吧："笑就是阳光，它能驱逐人们脸上的冬日。"

第四章
坚持你的计划,你就能收获美好

坚持是一件一以贯之的事情，容不得虎头蛇尾，也不能中途而废。有的人能坚持一天、一周、一个月，有的人则能几十年如一日地坚持下去。人与人之间的这种差异也决定了他们最后的成果。对于那些能够持之以恒的人来说，美好往往只是水到渠成的事。

计划成就完美的人生

计划，就是指在做一件事之前对事情的全过程所进行的一种设定，一种"未雨绸缪"的设想。计划对于一个人的事业成功至关重要，因为一个人的精力是十分有限的，一生中能做的事情只有那么几件，而事业的成功，不付出艰辛的努力，是绝对不会有任何结果的。在这种形势下，计划就显得极其重要了。

计划能够使一个人明确他在一生中要做什么，不做什么，使一个人明确他的主要精力应当花在什么地方。

每个人都有学生时代，不过大家可能也注意到了一个问题，那就是在同样的时间里，有些人可以掌握许多的知识，而有些人掌握的知识却少得可怜。除了学习方法上的一些问题以外，有无计划性是其中的一个重要原因。

下面来简单地谈一谈关于怎样制定计划的问题。

1. 目标明确是制定计划的前提

我们每个人都有自己的学习目标，而计划则是实现目标的蓝图。中国的先哲说道："凡事预则立，不预则废。"说的就是计划的重要性。在学习中，为了更好地实现目标，多数人都会制定合理有效的计划。目标有长远目标和短期目标之分。相应地，计划也分为长远计划和短期计划。因此，制定计划之前，首先要根据自己的实际情况，明确长远目标和近期的目标。长远目标可以是整个大学期间的，也可以是一年，一个季度的。因为周期比较长，其中也难免会发生许多变化，所以，这类计划不宜太具体，只要明确努力的方向，大致要解决哪些问题就可以了。近期目标可以是一两个月的，也可以是一两周或近几天的。近期的计划应制定得周密详尽些，在确定了近期目标以后，要把任务分配到每月、每周、每天甚至每个小时里去，并制定出一个相应的进度表。

值得注意的是，在制定计划的时候，要符合自己目前实际的状况，目标不宜定得太高，也不宜定得太低。定得太高，无法完成，就会流于形式；定得太低，轻而易举，也容易产生松懈情绪。最好是"站起来摸不着，跳一跳就能够得到"。

2. 计划要突出重点

计划周详全面固然好，但不能平均使用力量，因为我们的时间和精力都是有限的，要让这些时间和精力充分发挥效用，就必须突出重点。

3. 计划要留有余地

有些人制定计划时，从早晨起床到晚上入睡，把一天的时间都安排得满满当当的。这并不是一个好的计划，因为工作固然重要，但它不是唯一的。人的生活应该是丰富多彩的，充满乐趣的。休息、娱乐、锻炼，都不应该忽视。我们在制定计划时，不要忘了给它们留出时间。计划定得太满、太紧，不但身体吃不消，而且容易产生厌倦的心理，影响到整个计划的进一步实施。

4. 适时调整计划

计划一旦制定好，最好是严格按计划执行，但这并不是说计划必须是一成不变的。相反，当计划执行一段时间以后，就要回过头来检查一下，看看计划执行起来有没有困难，规定的任务是否能够完成，如果完不成，原因在哪里？效果如何？然后及时调整原定的计划，将其不合理的部分加以删除或加以改进，制定出更为科学的计划，从而更为有效地指导做事的进程。

有了科学而合理的计划，取得良好的效果就变得不再困难了。

个人商业经营需要计划，企业经营更需要计划。作为一个企业尤其是大型企业，应当在经营的每一步都制定好周密而详尽的计划，从而推进企业的发展。

企业经营的计划，归结起来主要包括以下几点：

1. 企业的经营范围和方式，尤其是企业在一段时间内的经营重点和投资方向，以及未来一段时间内的业务主要发展方向。

2. 企业在一段时间内的主要业务伙伴。业务伙伴的选择对于企业的发展极其重要。一般对于一个草创时期的企业来说，找一个信誉度好的企业作为合作伙伴至关重要。

3. 企业创新计划的生成。创新在现代企业的发展中扮演着越来越重要的作用，因此每一个想要成功的企业，都必须把创新作为一项专门的计划来进行。企业创新的基本原则，正在《华盛顿邮报》上刊载的一位中国经济学学者的文章做了准确的概括："人无我有，人有我好，人好我廉，人廉我转。"

如果在做事之前连计划都没有，那么无异于像一只无头的苍蝇，东飞西撞，东一头榔头西一棒槌，这样的做事方式不会有什么好结果。

贯彻计划需要你的专注力

在执行一项计划的过程中，最忌讳的就是见异思迁。

对于奋斗者来说，专注是最根本的特性，每一位众人眼中的天才都离不开专注。

提起"棋圣"聂卫平，大概是无人不知、无人不晓了。他精湛的棋艺和他的名字一起为世人所瞩目。想当年，在日本、在中国乃至世界上其他一些地方，到处都有聂卫平的崇拜者，人们就像崇拜歌星、影星一样迷恋着他，被他所折服、被他所倾倒。提起他的战绩，许多人都能如数家珍般地娓娓道来。

看了聂卫平的显赫成绩，我们不免要惊叹，要羡慕。可是你是否知道，如今被人们称为"棋圣""聂旋风""常胜将军"的聂卫平，从小却是个"常败将军"？

聂卫平的父亲和外公都是围棋迷，一有空闲，两人就摆开阵势，厮杀起来。幼年的聂卫平和弟弟聂继波耳濡目染，也爱上了光滑的黑白围棋子。在父亲的鼓励下，小哥俩也时常摆开场面，混战一通。

弟弟聪颖、敏捷，棋道灵活，而聂卫平却多思，稳重，思维节奏比弟弟要慢半拍。所以，弟弟的围棋水平相对要比哥哥高一筹。每天厮杀的结果，总是弟弟大获全胜。可是，哥哥聂卫平却偏偏不服输，他每天都缠着弟弟，非要杀上几个小时不可。机灵的弟弟洋洋得意，不时地设下圈套让哥哥钻，而傻乎乎的哥哥总是准确无误地落入陷阱。常常几十盘棋下来，聂卫平一局都赢不了，输得很惨。尽管如此，可他还是不服气，他总是希望能在下一次赢了弟弟。

他屡战屡败，屡败屡战。一次，聂卫平与弟弟从早晨开始下棋，直战到中午吃饭。十几个回合失败之后。妈妈劝，姐姐劝，他都不肯去吃饭，非要琢磨明白输在哪里不可。了解聂卫平的父亲走过来语重心长地劝他说："精力充沛、情绪高昂才下得好，你下了一上午棋，输了不要紧，吃过饭再赢回来嘛。弟弟吃了饭更有劲儿了，你的肚子却在唱空城计，怎么能赢得了他呢？快去吃饭，吃得饱饱的，才有可能赢。"听了这番话，聂卫平才乖乖地离开小方桌去吃饭。吃完饭以后，他又来到小桌前，与弟弟接着开战。鏖战了整整一下午，苦苦拼杀的结果，他仍然没能胜一次。弟弟兴高采烈地吃晚饭去了，他的倔犟劲儿又上来了，坐在小方桌前摆弄着棋子，仔细查找失败的原因。突然，他眼前一黑，晕倒在小桌旁。等他苏醒过来，发现自己躺在了床上，全家人正焦急地围着他。聂卫平挣扎着坐起来，执拗地说："我还没看出输在哪里呐！"

就凭着这种专注的精神，这种坚忍不拔的意志，聂卫平终于走出了失败的阴影，不仅战胜了弟弟，而且取得了奇迹般的好成绩。

在其自传《我的围棋之路》一书中，聂卫平写道："每输一盘棋，我总是想方设法赢回10盘来，不但现在这样，以前水平不高时也是这样。在被陈祖德、吴松笙让三子时，每次输棋，我都憋足了劲儿，要在下一次赢回来。"正是这种不甘失败的专注精神造就了一代棋圣。有人把聂卫平的成功归因于他的天赋，认为他那么小就能在棋坛上崭露头角，一定是个天才。如果没有天赋的围棋基因，怎么可能小小年纪成就大才呢？聂卫平有超世之才是不可否认的，但是如果他没有不甘失败的执拗，在刚起步时就被打了回去，还有成功的可能性吗？

北宋文学家苏轼说得好："古之立大事者，不唯有超世之才，亦必有坚忍不拔之志。"成功的人士都懂得坚持、专注地做事。

王树彤曾在微软集团工作过6年，从普通职员一直做到事业发展部经理，之后到全球市值最高的思科公司任市场部经理，一年后加盟卓越网，并出任首席执行官，负责整个公司的管理、业务运作、市场及与合作伙伴的关系，等等。她有着长达十年的IT业工作经历，积累了丰富的管理经验，对中国的IT市场有独到的见解。

业界盛传王树彤是一位不可多见的美女CEO，而见过王树彤的朋友们都说，她本人看上去比照片还漂亮，一头飘逸别致的短发，越发衬托出她娴雅端庄的气质。她正是用专注与智慧书写着她那不平凡的IT人生。

王树彤最喜欢的一句话是："梦想高远，脚踏实地。"回顾往昔，她坦言道："今天的成功源于专注。几年来，我一直拼命学习和总结，尽心尽力地做好每一件事，每走一步都力求扎实，为后来铺好道路。"

王树彤说自己属于越挫越勇的人，看问题能用很积极的态度，从困难、逆境中看到光明、希望。这样的专注源于当年小学参加长跑集训时的一段经历。当时她是练中长跑的，十分辛苦，望着长长的跑道常常会觉得自己永远也跑不到终点。但教练说："你一定要跑到终点，不管有多困难，哪怕是爬呢。"正是这一句话，在幼小的王树彤心里扎下了根。在以后的工作里，她一周七天，每天工作到深夜十一二点钟。一路狂奔的结果是在同期进入微软集团的员工中，她是被提拔最早、最快的。

专注的个性，使王树彤从来不去抱怨环境或者上司，而是埋头苦干。她说不公平的现象随时存在，关键在于你看问题的方式。在当今浮躁的互联网界，诱惑太多，跳槽如此频繁，年轻人有太多的理由轻易地离开一家公司，他们往往会抱怨自己的上司如何苛刻、环境如何糟糕、待遇如何不公……真的是很难静下心来做好一件事了。王树彤不无感慨地说："其实他们只要再坚持些，结果可能就完全不一样了。"

刚到卓越网的时候，一切都是从零开始。以前的卓越网是一个供网民免费下载游戏和软件的地方。王树彤来了以后，和她的团队一起，经过两三个月的充分调研和激烈论证决定开始做电子商务。她认为这是大势所趋，"电子商务这条路对一家公司来说是必不可少的路径。"只要是她认准了的事情，她就会排除困难、不遗余力地去做，很多专家曾说不行的事情在她的手里都做成了。

用她自己的话来说，成功就在专注的细节中。

作为正在走向人生最辉煌阶段的年轻人，遇到失败、挫折、打击都是平常事。唯有保持昂扬的斗志、专注的精神、不甘退缩的勇气才是成才的重要因素。在成才之路上，它们将会助你一臂之力。

曾有人说，一个人的一生只能做好一件事。可是，并不是任何人的一生都能做好一件事，这里边固然有诸如才智、环境、机遇等方面的因素，但主要还是缺少对所追求事物的投入。

专注是"语不惊人死不休"的豪情,是"为伊消得人憔悴"的投入,是"十年磨一剑"的等待。所以,荀子在《劝学》中说:"锲而舍之,朽木不折;锲而不舍,金石可镂。"古今成大事者,大抵都具有这份执着精神。

要想事业有成,要想成为一个不平凡的人,那就必须懂得专注,懂得为自己的目标锲而不舍地投入,用自己的时间和汗水换取成功的喜悦,请记住,专注是天才的座右铭,是成功的助手,是将你的人生计划执行到极致的不二法门。

成功的道路上谁都会遇到很多计划之外的诱惑,如果你什么都想做,到最后没有一样会成功。唯有保持"一根筋"的专注精神,将原定的计划执行到底,成功才会在不远的地方向你招手致意。

比别人能坚持,你就赢了

胜利者,就是比别人能坚持的人。因为在希望渺茫之际,很可能就是柳暗花明之时。

法国作家凡尔纳年轻时写的第一本书,是名为《气球上的五星期》的科学幻想小说。

当他满怀憧憬地将自己的处女作送给一家出版社时,总编辑翻了书稿后,感到书中说的尽是不切实际的幻想,而且写作手法离经叛道,便拒绝出版。

在一连被十五家出版社拒之门外之后,凡尔纳开始灰心丧气。他坐在火炉旁撕手稿，一张一张地往火炉里扔。幸亏他的妻子及时发现，才阻止了他的焚书行动，并劝他再试一次。凡尔纳第二天又将书稿整理好送到第十六家出版社。出乎意料，这家出版社不仅立即给予出版，而且与凡尔纳签订了为期20年的约稿合同，要凡尔纳把今后写的全部科幻小说交给他们出版。

《气球上的五星期》出版后，立即轰动文坛，凡尔纳一举成名。

成功往往就在于"再坚持一下"。试想，凡尔纳如果不跑到这第十六家出版社，还会有这部不朽的传世名作吗？还会有大作家凡尔纳吗？

美国华盛顿山的一块岩石上，有一个标牌，告诉后来的登山者，那里曾经是一个女登山者躺下死去的地方。她当时正在寻觅的庇护所"登山小屋"只距她一百步而已，如果她能多撑一百步，她就能活下去。

这个事例提醒人们，倒下之前再撑一会儿。胜利者，往往是能比别人多坚持一分钟的人。即使精力已耗尽，人们仍然有一点点能源残留着，用到那一点点能源的人就是最后的成功者。

有一个年轻人一直想去一家公司工作，但是人事主管告诉他暂时不需要新员工。于是年轻人每天都给那家公司写信，信里面只有一句话：请给我一份工作。就这样，坚持了250多天后，一直到那家公司的人事主管回信告诉他：明天到公司来报到。对于这件事情，人事主管是这样解释的："一个能坚持不懈写250封信的人，我相信他能做好任何工作。"

再多一点努力和坚持便会收获意想不到的成功。以前做出的种种努力，付出的艰辛便不会白费。

拿破仑曾经说过：达到目标有两个途径——势力与毅力。势力只有少数人所有，而毅力则属于那些坚韧不拔的人，他的力量会随着时间的推移而强大以至无可抵抗。

无论何时，我们都应该信心百倍地去全力争取人生的幸福和成功，并永远激励自己：离成功我只有一海里，只要再多一分钟的坚持！

坚守信念，让生命开花

人生从来没有真正的绝境。无论遭受多少艰辛，无论经历多少苦难，只要一个人的心中还怀着一粒信念的种子，那么总有一天，他就能走出困境，让生命重新开花结果。

很久以前，为了开辟新的街道，伦敦拆除了许多陈旧的楼房。然而新路却久久没有开工，旧楼房的地基在那里，任凭日晒雨淋。

有一天，一群自然科学家来到了这里，他们惊奇地发现，在这一片多年来未见天日的地基上，这些日子因为接触了春天的阳光雨露，竟长出了一片野花野草。奇怪的是，其中有一些花草却是在英国从来没有见到过的，它们通常只生长在地中海沿岸国家。

这些被拆除的楼房，大多都是在罗马人沿着泰晤士河建造的，大概花草的种子就是那个时候被带到了这里。它们被压在沉重的石头砖瓦之下，一年又一年，几乎已经完全丧失了生存的机会。但令人感到意外的是，一旦它们见到了阳光，就立即恢复了勃勃生机，绽开了一朵朵美丽的鲜花。

小小的种子真令人惊叹，它们是如此的柔弱却又如此的坚韧，即使在沉重的砖瓦下压上数百年，它们依然能够保持鲜活的生命。一旦阳光照耀，一旦雨露滋润，它们便又焕发出勃勃的生机。信念代表着一种希望，像一颗种子，一颗生命的种子。只要心中有信念，一切都会充满希望。

在春秋战国时期，一位父亲和他的儿子出征打仗。当父亲的已做了将军，儿子还只是一个马前卒。一次战争中，又一阵号角吹响，战鼓雷鸣了，父亲庄严地托起一个箭囊，其中插着一支箭。父亲郑重地对儿子说："这是咱家传袭下来的宝剑，佩戴身边，力量无穷，但千万不可抽出来。"

那是一个极其精美的箭囊，厚牛皮打制，镶着幽幽泛光的铜边儿，再看露出的箭尾，一眼便能认定是用上等的孔雀羽毛制作。儿子喜上眉梢，猜测箭杆、箭头的模样，耳旁仿佛嗖嗖的箭声掠过，敌方的主帅应声折马而毙。

果然，佩带宝剑的儿子英勇非凡，所向披靡。当鸣金收兵的号角吹响时，儿子再也禁不住得胜的豪气，完全背弃了父亲的叮嘱，强烈的欲望驱赶着他呼的一声就抽出宝剑，试图看个究竟。骤然间他惊呆了。

一支断箭！箭囊里装着的只是一支折断的箭！

"我一直带着一支断箭打仗呢！"儿子吓出了一身冷汗，仿佛顷刻间失去支柱的房子，轰然意志坍塌了。

在后来的作战中，结果不言自明，儿子惨死于乱军之中。

拂开蒙蒙的硝烟，父亲拣起那支断箭，沉重地说道："不相信自己的意志，永远也做不成将军。"

儿子的悲哀在于把胜败寄托在一支宝剑上，如果一个人把生命的核心交给别人，又多么危险！比如把希望寄托在儿女身上；把幸福寄托在丈夫身上；把生活保障寄托在单位身上……只有自己才是一支箭，若要它坚韧，若要它锋利，若要它百步穿杨、百发百中，磨砺它，拯救它的都只能是自己坚持不懈的信念。

有一年，一支英国探险队进入撒哈拉沙漠的某个地区，在茫茫的沙海里跋涉。阳光下，漫天飞舞的风沙扑打着探险队员的面孔。口渴似炙，心急如焚，大家的水都没了。这时，探险队长拿出一只水壶，说："这里还有一壶水，但穿越沙漠前，谁也不能喝"。

一壶水，成了穿越沙漠的信念之源，成了求生的寄托目标。水壶在队员手中传递，那沉甸甸的感觉使队员们濒临绝望的脸上，又露出坚定的神色。终于，探险队顽强地走出了沙漠，挣脱了死神之手。大家喜极而泣，用颤抖的手拧开那壶支撑他们的精神之水，缓缓流出来的，却是满满的一壶沙子！

炎炎烈日下，茫茫沙漠里，真正救了他们的，又哪里是那一壶沙子呢？他们执着的信念，已经如同一粒种子，在他们心底生根发芽，最终领着他们走出了"绝境"。

生活中时常会碰到这样或那样的困难，我们一定要坚守自己的信念，不要被困难吓倒。俗话说：守得云开见月明。在乌云密布的夜晚，只要我们有着对明月的渴望和抱着明月总会出来的信念，静静地等待，最终都会等到明月普照大地的美丽瞬间。

守住自己的信念吧，哪怕它只是秋天最后一片落叶，哪怕它只是水中一截腐朽的枯枝，只要你不曾对生活失去信心，生活就不会亏待你，因为守住了信念就留住了希望。

做事不可半途而废

半途而废常用来比喻事情中途停止。《礼记·中庸》:"君子遵道而行,半途而废,吾弗能已矣。"《论语·雍也》:"力不足者,中道而废。"

古代官道上,一天走来一个匆匆的行者,年约二十上下,书生打扮,脸上露着兴奋的表情,他叫乐羊子。本来告别妻子在外地求学的,但学问的艰深,求学的清苦,使他感到十分乏味,想着家里美丽的妻子、舒适的房舍,他在书塾待了一年后终于决定抛下书本返乡。想到回家后妻子惊喜的表情,那温暖体贴的招呼,他便觉格外的兴奋,脚步不由更快了。渐渐,熟悉的房舍出现在眼前,炊烟正袅袅地升起,像在欢迎归家的游子,他赶紧几步跑到门,叩响了门环。

"谁?"屋里的织布声停了,传来妻子熟悉的声音。

"我呀!"乐羊子高兴地大叫起来。

屋子里出现短暂的沉默,"吱呀"门开了,露出妻子惊喜而略带诧异的脸,当她看到乐羊子那沉甸甸的行装,脸上的笑容消失了,她似乎猜到什么。

乐羊子可没管这些,他一步跨进门里,放下包袱,环视了一眼干净、舒适的屋子,便高兴地嚷嚷起来:"终于回来了,可算回来了。"现在,他一心只等着妻子送上几句欢迎归家的贺词,端上美味可口的饭菜。

但妻子的表情似乎有些冷淡,她默默地看着他,终于开口道:"不是要三年才能回来吗?"

"我想家，所以便回来了。"

"住几天？"

"再也不走了。"乐羊子手一挥，感觉很痛快，想到那清冷的书塾，老师那严厉的面孔从此便远离自己，真让人松了一口气，以后，便可以在家里陪着妻子，过着悠闲自在的日子了。

妻子没说什么，只是拿出一把剪刀，乐羊子诧异地盯着她，只见她走到织布机边，"咔嚓"一声，便将织布机上停着的一匹布剪断了。乐羊子大叫起来，真是太可惜了！这是一块图案精美的花布，还差一点就要彻底完工了，可妻子这么横刀一剪……

"这本是一块快要完工的布，但我剪断了它，它便成了一块废布。"妻子说，"求学的道理也是一样，若能坚持到底，付出艰苦的努力，就能成为一个有用的人，但若不能坚持，中途放弃攻读，就会前功尽弃，如同这块废布一样，成为一个毫无用处的人。"

"这？"乐羊子嗫嚅着。

"再过几年，你的同学学业有成，便可报效国家、建功立业了，而你却仍是碌碌一白丁，终日干些琐碎的事，一辈子又能有什么出息呢？"

乐羊子低头不语，他感到非常羞愧，自己的见识还不如一女子。若不是妻子谆谆教诲，自己岂不是会虚掷光阴，成为一个无用之人。想到此，他便打起行装，决心回到书塾去完成学业。

乐羊子离乡背井，深受求学之清苦，终因耐不住寂寞，思念家中温暖体贴的妻子，弃学返乡与娇妻团聚。结论有两种，其一，乐羊子回家后与美丽贤惠的妻子男耕女织，恩恩爱爱的生活一生；其二，如故事所讲的那样，乐羊子在妻的帮助下，又打起行装远走他乡。乐羊子这一走走出个一代大学问家，但夫唱妻和的天伦之乐必淡泊了许多。如果是你，会作出哪一种选择呢？

古人说："做事最应有恒心，半途而废无所成。"一个人只有不为种种诱惑所动，潜下心来学习，他才会丰满自己，成就不俗人生。

列一份生命清单

目标使人向前进而不是后退。人的一生中，目标是行动的导航灯。没有目标，我们几乎同时失去机遇、运气和他人的支持。因为不知道自己到底想要什么，也就没有什么能帮助你，就像大海中的航船，如果不知道靠岸的码头在哪里，也就不明确什么风对你来讲是顺风。

奋斗的动力来源于伟大的目标，骄人的成就也归功于对目标孜孜不倦的追求。

在15岁的时候，萨巴塔就把自己一生要做的事情列了一份清单，称作"生命清单"。在这份排列有序的清单中，他给自己明确了所要攻克的127个具体目标。比如，探索尼罗河的源头，攀登世界第一高峰珠穆朗玛峰，走访马可·波罗的故道，读完莎士比亚的著作，写一本书，参观月球等。

在把生命中的梦想庄严地写在纸上之后，他开始循序渐进地实践。为了实现这些目标，萨巴塔历经磨难，曾经18次死里逃生。在44年后，他以超人的毅力和非凡的勇气，在与命运的艰苦抗争中，终于实现了106个目标，成为世界上最著名的探险家。

萨巴塔的令人感动之处，不仅仅是因为他创造了许多人间奇迹，做了许多有益于人类的事情，更主要的是他那矢志不渝、坚忍不拔的奋斗精神，以及由"生命清单"而延伸出来的高质量人生。

要想成为一个成功的人，首先必须有明确的人生目标。没有人生目标，也就没有具体的行动计划，没有行动计划，做事就会没有方向感，敷衍了事，临时凑合，也就没有责任感，更谈不上什么坚强毅力、斗志昂扬了。没有目标，任何才能和努力都是白费。

年轻的你应当有自己的人生目标和人生追求。在确定了目标之后，或许经过一生的奋斗也未能实现，但这并不意味着因此就失去了制定目标的价值。正因为有了目标，才能使你走向充实，而不是走向虚无，这就是制定目标的价值。

所谓制定目标，就是在生涯路线上，确定自己的前进方向和目的地，即多大年龄实现什么目标，干成什么事业，要清清楚楚地在生涯路线上标示出来。

任何意义上的成功与进步，都是渐进螺旋式的。目标不变，只要不断地改进方法，就一定会穿越极地，达到成功的彼岸。凡成功者，必有坚定而明确的目标。每个人都会向往一件事，但真能做事、成事的，却只有那些有意志和终极目标的人。

目标能够帮助我们集中精力。当我们不停地在自己有优势的方面努力时，这些优势会进一步发展。最终，在达到目标时，我们自己成为什么样的人比我们得到什么东西重要得多。

虽然目标是朝向将来的，是有待将来实现的，但目标使我们能把握住现在。把大的任务看成是由一连串小任务和小的步骤组成的，要实现理想，就要制定并且达到一连串的目标，每个重大目标的实现都是几个小目标、小步骤实现的结果。如果你集中精力于当前手上的工作，心中明白你现在的种种努力都是为实现将来的目标铺路。

不成功者有个共同的问题，他们极少评估自己取得的进展。他们中的大多数人或者不明白自我评估的重要性，或者无法量度取得的进步。目标提供了一种自我评估的重要手段。如果你的目标是具体的，是看得见摸得着的，你就可以根据自己距离最终目标有多远来衡量目前取得的进步。

因为缺乏目标，许多不成功者常常混淆了工作本身与工作成果。他们以为大量的工作，尤其是艰苦的工作，就一定会带来成功。但是，衡量成功的尺度不是做了多少工作，而是做出了多少成果。

比赛尔是西撒哈拉沙漠中的一颗明珠，每年有数以万计的旅游者来到这儿。但是，在肯·莱文发现它之前，这里还是一个封闭而落后的地方。这儿的人没有一个走出过大漠，据说不是他们不愿离开这块贫瘠的土地，而是尝试过很多次都没有走出去。

肯·莱文当然不相信这种说法。他用手语向这儿的人问原因，结果每个人的回答都一样：无论向哪个方向走，最后都还是回到出发的地方。为了证实这种说法，他做了一次试验，从比塞尔村向北走，结果三天半就走了出来。

"比塞尔人为什么走不出来呢？"肯·莱文非常纳闷。最后他只得雇一个比塞尔人，让他带路，看看到底是为什么。他们带了半个月的水，牵了两峰骆驼。肯·莱文收起指南针等现代设备，只挂一根木棍跟在后面。

十天过去了，他们走了大约 800 里的路程，第十一天的早晨，他们果然又回到了比塞尔。这一次肯·莱文终于明白了，比塞尔人之所以走不出大漠，是因为他们根本就不认识北斗星。

在一望无际的沙漠里，一个人如果凭着感觉往前走，会走出许多大小不一的圆圈，最后的足迹十有八九是一把卷尺的形状。比塞尔村处在浩瀚的沙漠中间，方圆上千公里没有一点参照物。若不认识北斗星又没有指南针，想走出沙漠，确实是不可能的。

肯·莱文在离开比塞尔时，带了一位叫阿古特尔的青年，就是上次和他合作的人。他告诉这位年轻人，只要你白天休息，夜晚朝着北面那颗星走，就能走出沙漠。阿古特尔照着去做，三天之后果然来到了大漠的边缘。阿古特尔因此成为比塞尔的开拓者，他的铜像被竖在小城的中央。铜像的底座上刻着一行字：新生活是从选定方向开始的。

无论你现在多大年龄，你真正的人生之旅，是从设定目标的那一天开始的，以前的日子，只不过是在绕圈子而已。今天的你，应该为十年以后的成功制定目标。目标对人生有巨大的导向性作用。没有目标，我们就不会努力，因为我们不知道为什么要努力。所以，制定目标，才能走向成功。

做事就要做出效果

人的一生，是需要用成功来支撑的，可是只有少数人才能成功。人们往往虔诚而又谦卑地讨教成功的经验，当知道主要的答案是"坚持"

两字时，好多人都叹息自己为什么没有坚持呢？譬如，挖掘一口水井，挖了九十九成，还没有发现泉水，于是自己就放弃了，那么过去的努力也白费了。

古希腊大哲学家苏格拉底，曾经给他的学生出过一道"坚持"的考题，用来说明他的哲学思想。考题是这样的：有一天，他对学生说："今天，我们只学一件最简单的事，也是最容易做的事，就是把你们的手臂尽量往前甩，再尽量往后甩。"在自己示范了一遍以后说："是不是很简单？从现在开始，大家每天都做300次。学生们感到这个问题太可笑了，纷纷猜测老师下一步到底要干什么，见他没有其他目的后，就马上连声回答："能、能！"一月后，苏格拉底问："哪些同学坚持做了？"这时有90%以上的学生骄傲地举起了手。两个月后，当他再次发问，能够坚持下来的只有80%。到一年后，再次问道："还有哪些同学坚持每天做？"教室里只有一个同学举起了手。举手的人就是后来成为古希腊大哲学家的柏拉图。

不管做什么事，万事开头难。成功者不仅知道好的开始等于成功了一半，而且更懂得行动在于持之以恒，不能开始了一点点，虎头蛇尾就完了，半途而废的人最终不会做成任何事情。

一件事从头到尾，也许过程并不会非常顺利，其中可能会遇到一些困难、挫折，或者由于你个人的原因导致事情被耽搁、被延误。这时候，你是打算继续把它做下去，还是做到哪里算到哪里呢？

其实很多时候，很多的人总是在做下去还是放弃之间摇摆不定。一件小事，可能就会成为横亘在我们面前的艰难抉择。

这是一个企业老板的自传中节选的一段话：

三年前，我怀揣梦想只身来到这个人海茫茫的大都市，想开创一份能够给我带来激情的事业，但是因为缺乏经验，缺乏独当一面的能力，我在相当长的时间内仅仅做着距我的理想很遥远的工作，而且仅仅是那种为了解决温饱而做的工作。我曾经非常沮丧灰心，甚至焦虑得整晚睡不着觉，不知道自己在这里孤身一人，饱尝孤独和艰辛是为了什么，不知道这种坚持值不值得。"放弃"这个词无数次出现在我的脑海里，一次次削弱我的斗志。这样的思想斗争现在看起来不算什么，可是在当时的确算得上是艰苦卓绝，从不断地怀疑自己到渐渐地树立起自信，这个过程是非常痛苦的。还好，我没有灰心，终于走了过来，坚持了下来，并真正找到了自己价值。

其实，很多事情，只要往前跨一步就是成功，关键就在于你肯不肯坚持这关键的一秒钟。摆在我们面前的路是很多条的，如果你选择了一条你认为正确并有兴趣走下去的路，那么，无论这条道路是荆棘还是泥泞，你都应该义无反顾地走下去，这就是坚持的力量。

我们很难想象那些总是半途而废的人能做成什么事情，因每一次都草草地开始，又匆匆地结束，目标摇摆不定，三心二意，今天觉得这个好，明天又觉得那个好，三天打鱼，两天晒网，最后兜了一圈回来，自己还在原来的地方一事无成。

当然，持之以恒，善始善终并不是想做就能做到的，它需要你有着足够的忍耐力和意志力，并且对自己的工作和事业充满热情。那些成功的人大都有一个共同的特点，即坚忍不拔，意志刚强，不达目标绝不罢休。他们不骄不躁，兢兢业业，不会用一些投机取巧的手段，只会耐心等待机遇，积累实力。

谁能够坚持到最后，谁就是最大的赢家。一般来说，笑到最后的人，也是笑得最开心的人。因为坚持，成功者得到了他想要的人生。

成功是一条铺满荆棘的漫长的道路，只有坚持走下去，才能到达彼岸。如果你有半途而废的习惯，你只能一无所获，无功而返。因此先前再多的努力都会因你一时的放弃而毁于一旦。我们都知道市场竞争常常是耐久力的较量，有恒心和毅力的人往往是笑在最后、笑得更好的胜利者。半途而废的人是不会拥有财富的，因此，成功者教导我们，如果你要挖井，就一定要挖到出水为止。

做任何一件事，只有做到底了才算把一件事做好，成功也是，没有一个成功是半路上的成功，因为成功的甘泉总是在井的最底层。

坚持、坚持，再坚持

许多事没有成功不是由于构想不好，也不是由于没有努力，而是由于努力不够。温斯顿·丘吉尔曾经说过："绝不，绝不，绝不，绝不放弃。"的确是这样，只要我们有了这种永不放弃的精神，我们也就有了走向成功的保证。

现实告诉我们，那些最著名的成功人士获得成功的最主要原因，就是他们绝不因失败而放弃。小说《哈利·波特》的作者，为了出版这本小说，她跑了许多家出版社，但由于这类书稿在当时尚无先例，所以很多出版社都不肯出版。就是这种决不放弃的信念让她坚持下去，最终她的愿望得到了实现。

大发明家爱迪生曾经说过:"成就伟大事业的三大要素在于:第一,辛勤的工作;第二,不屈不挠;第三,运用常识。"

爱迪生一生的发明无数,就以我们现在所使用的电灯来说,就做了不下千次实验,如果爱迪生没有这种坚持下去的信念,那么,我们现在会有这么明亮的光源吗?爱迪生要是没有这种坚持下去的信念,他会成功吗?

希望集团的刘永好说过:"现在对我而言,再多一个亿和多几百块钱没什么区别,因为当满足自己生活所需后,钱已经不是你追求的最终目标。支撑一个人不断前进的是不断的追求和奋斗。"

这是成功者有了钱以后,对钱的新的认识,从某种意义上讲,只要我们把握了摆脱贫穷的秘诀,成功也就属于我们。

长跑运动员海尔·格布雷西拉西耶出生在埃塞俄比亚阿鲁西高原上的一个小村里,在他小时候,每天夹着课本,赤脚上学和回家,他家离学校足足有10公里远的路程。贫穷的家境使海尔·格布雷西拉西耶不可能有坐车上学的奢望,于是,为了上课不迟到他只能选择跑步上学。每天海尔·格布雷西拉西耶都一路奔跑,与他相伴的除了清晨凉凉的朝露和高原绚丽的晚霞,还有耳旁呼啸而过的风声。许多年后的今天,海尔·格布雷西拉西耶先后15次打破世界纪录,成为世界上最优秀的长跑运动员。由于早年经常夹着书本跑步,以至他在后来的比赛中,一只胳膊总要比另一只抬得要稍高一些,而且更贴近身体——依然保留着少年时夹着课本跑步的姿势。

我们许多人都在想,如果海尔·格布雷西拉西耶不是贫穷,那他会不会成为今天的世界冠军。今天,当海尔·格布雷西拉西耶回顾自己那段少年时光时,他也不无感慨地说:我要感谢贫穷。其他孩子的父亲有车,可以接送他们去学校、电影院或朋友家。而我因为贫穷,跑步上学是我唯一的选择,但我喜欢跑步的感觉,因为那是一种幸福。

是的,谁都不希望贫穷,谁都希望过上幸福的生活,当我们别无选择地遭遇贫穷时,我们要学会把握贫穷给予我们的力量,就像格布雷西拉西耶,因为别无选择而跑步上学。

天底下没有不劳而获的果实,如果能战胜挫折与失败,绝不轻言放弃,使你更上一层楼,那么一定可以达到成功。不管做什么,只要放弃了,就没有成功的机会;不放弃,就会一直拥有成功的希望。

给自己一个清晰的人生规划

我们都知道,国家常常要制定"五年计划""十年规划"等不同阶段的发展计划,来促进国家的发展,同样的道理,对于强者来说,不断制订、调整有利于个人发展的人生计划也是十分必要的。

所谓的"人生规划",就是把未来想做什么、如何做,在多少岁时做些什么事情做成计划,然后按照这些计划去努力,可以把它分为"事业规划"和"生活规划"两部分。比如,事业规划可以包括:想从事什么样的行业,希望自己多少岁前做到什么样的程度等;生活规划可以包括:几岁结婚、生子,自己要培养哪方面的兴趣、特长,是否再进修等诸多项目。方向定了,就朝着这个方向前进,并充实必要的条件。

人生规划,能够让强者找到一生的指针和目标,因此强者很早就计划好了。有时候，强者也会遇到一些无法料想的事情，所以强者的规划还必须适应主客观的情势，适当灵活地做出某种调整，避免全盘推翻，以便适应现实的发展。

强者不会认为未来是个未知数，虽然一切随缘这种说法也有道理，不过"随缘"说起来容易，但是真的要达到这种境界却很难，因此面对不可知的未来，强者做到的是能坦然面对。这就像在森林中迷路一样，不知走向哪里才好，而强者事前就做好了人生规划。虽然有时规划会因条件的变化而有所变化，但总比茫茫然不知何去何从，心里来得踏实。

规划人生能够帮助你把握前进的航向，找准自己的定位，实现人生的目标。在规划的过程中，你还可以更充分认识到自己的优势和不足，并自觉加以调整，争取达到生命的最佳状态。

心理学家认为："一个人的一生，总有大大小小的期望。期望是一个人的精神支柱。如果一个人没有了任何追求，他就很难愉快地生活下去。"这话绝对是真理。我们可以仔细地想一下，强者每天是不是都有自己的追求，有着新的想法？是的，强者的一生充满了各种不同的追求，小到完成一篇文章、拿下自学考试文凭，大到成立自己的公司等等，一个目标实现了，新的目标又出来了。如此循环往复，终其一生。

对强者来说，在设立自己的目标时，一般可分短期目标、中期目标和长期目标。可以根据在工作的不同阶段，通过对形势发展进行的分析，确定下一步的目标。将计划进程的详细步骤列出来，可帮助自己有效地对付工作或环境等条件变化可能带来的不利影响。同自己的同事、朋友、上司和家人共同探讨、努力，争取实现每一阶段的目标，或者改进计划，使之更加切实可行。订立了目标之后，不管目标是什么，都必须有务必实现的决心，才能称之为"目标"，如果目标只是停留在纸上，那就失去了它应有的意义。

当然，规划未来并不能保证将来摆在面前的一切困难和问题都得到解决或变得容易，也没有可以套用的现成公式。但是它有利于你及早发现和较好解决新难题，比如你是否需要通过培训来增加某方面的知识，是否考虑调换一下工作岗位或职业等问题。

规划未来有助于提高你解决问题和调整心理的能力。当你想成就一项事业时，它会告诉你在每一步该干些什么、怎么干，有哪些问题需要注意。虽然规划无法预见将来社会将发展到什么程度，也不能预见我们每一个人的命运，但是，按照对未来的规划有条不紊地循序渐进是最重要的，它会让我们有条不紊，少走弯路。只有这样，你才能达到在工作中不断发展自己的目的，才能让自己的人生理想不至于变成梦幻的气泡。

如何规划未来需要注意的问题很多，如果将目标定得太低，就无法充分发挥个人的潜力；目标定得太高，就无法实现。在规划未来时，我们必须衡量自己的能力，适当的高于自己能力可做到的程度，那才是好目标。

远大的目标总是与远大的理想紧密结合在一起，那些改变了历史面貌的强者，无一不是确立了远大的目标，这样的目标激励着他们时刻都在为理想而奋斗。

我们的人生就是一部作品，有生活理想和实现它们的计划，就会有好的情节和结尾，这也是我们的人生十分精彩和引人注目的关键所在。

实现目标的行动计划

做计划可以让事情的进程有条不紊。此外，计划还是一面镜子，让我们随时检查自己是否达到了预期的目标，同时有哪些不足。

通常计划至少包括以下几个内容：

1. 设定一个期限

诸如"我将来要成为一个千万富翁"之类的豪言，在小孩子的口里说出来并没有什么不对。但作为30岁的成年男人，我们要知道目标是具体的，而不是一个憧憬。一个没有期限的目标不能算作是一个目标，只能是一个梦想或憧憬。你要成为千万富翁，在你多少岁的时候？如果是40岁的话，那么你还有10年的时间，你这十年该如何分配任务？第一年，达到多少财富，如何获得？第二年，达到多少财富，如何获得……以此类推。

2. 确认你要克服的障碍

在你向自己的目标前进的时候，你所遇到的每一个障碍都是来帮助你达到这个目标，所以要先确认你的障碍，将他们写下来，其次对你目前的障碍设定优先顺序，找出哪一件事影响最大，发现通往成功路途中的大石块，全神贯注地解决他。

3. 提高相关的知识与能力

要达到目标，你还在哪些知识或能力上有（或将会出现）缺陷？找出来，设定优先顺序，一一将这些短板加长。我们生活在一个以知识为基础的社会里，不管你设定了什么目标，你想要达成，必定需要用更多的知识来支持，你需要有针对性地不断充电。

4. 寻找外界的支援

哪些困难是自己所难以克服的？哪些事情是必须别人帮助才能做好的？谁能在这个目标上帮助我？我要如何做他才有可能帮助我？一般来说，越是大的事业，越是难以独立完成。一个人的力量着实有限，要懂得利用别人的帮助来达成自己的目标。同样，你要列出需要支援事项的轻重缓急，从最紧要的事项着手寻找对应的人。播种收割定律告诉我们：你所获得的常常是多于你所付出的。如果你认真的好好播种，你的收成会比你播种的多出许多。

5. 把计划写在纸上并坚决执行

所有的成功人士都是一个有计划的人，计划就是建立各种活动一览表，再将这个活动一览表按照重要性的优先顺序和时间先后，重新排列一下次序；什么是你首先应该做的，其次做什么？什么是最重要的，什么是次要的，然后再依照你的计划行动。一定要坚定地执行你的计划。计划不是摆着看的，是用来执行的，否则计划就完全失去意义。

6. 适时修正计划

有计划的好处在于：你每天都心中有数地朝目标迈进。当然，有时候会出现"计划跟不上变化"的情形，但那不是计划无用的理由，你可以通过微调来修正计划。

计划并不意味着一切都会准确无误地实现，实际上会有许多事情与人们的初衷相差甚远，但计划仍有很重要的意义。对计划的一个作用定义是"控制偏差"。我们需要计划，否则偏差就无从谈起。有这样一个小故事：一名乘客在站台上等火车，可火车晚点了很长时间还没有来。最后这名乘客怒气冲冲地跑到站长面前质问："火车晚点了20分钟，还要列车时刻表有什么用？"站长平静地回答说："亲爱的先生，如果没有列车时刻表，您怎么能知道火车晚点了呢？"

要怎样才能达到目标？

简单的做法是"行动"。但行动的方法有一个次序问题、轻重缓急问题。譬如你打算攀登一座高峰，山峰就是你的目标。但在攀登之前，还有很多具体的事务需要计划好：需要哪些装备？装备是否已经完备？有没有足够的预算来采购缺少的装备？是结伴还是单独挑战……

我们通往目标的路，丝毫不比登山轻松。因此，在你朝目标迈进之前，一定要有一个合理的计划。计划非常重要，因为只有有了计划，才能知道自己是否偏离了航线，帮助我们减少人力物力的浪费。同时，计划可以帮助我们分清工作的轻重缓急，并排出先后次序，以保证工作的顺利完成。

计划要分轻重缓急

日常工作与生活中，我们会遇到各种各样的事情，但这些事情我们没有必要都花同样的时间与精力去对待。一般来说，事情可以分为四种：一是既重要又紧急的事情，如马上要解决的紧急问题；二是重要但不紧急的事情，如一些计划与规划；三是紧急但不重要的事情，如某些必须要开的会议；四是既不重要也不紧急的事情，如一些不必要的杂事。如果是你的话，你会先做什么样的事情呢？

有这样一个例子对上述的四种事情做了很好的比喻。有一个木桶，要往里面装以下四种东西，它们分别是大块的石头、碎石、沙、水。如果让你装会先装什么呢？如果我们先往桶里装碎石的话，后面就装不下大的石块了。因此，我们应该先往里面装大石块，然后是碎石，装满后还可以装沙，而最后还可以倒水充满整个桶。这里的四样物体分别代表了哪四种事情呢？大石块代表是重要但不紧急的事情，碎石代表紧急而又重要的事情，沙代表紧急但不重要的事情，而水就代表不紧急也不重要的事情。

为什么我们要先做不紧急但重要的事情呢？很多人会有这样的疑问。那些紧急又重要的事情不是我们必须马上要做的吗？我们可以这样理解：这些碎石都是从大石块那里来的。如果我们的年度计划制定后（这是重要但不紧急事情），然后抓紧时间提前完成所制定的计划，这样我们的紧急又重要的事情就会大量的减少。

因此，我们不要被眼前紧急而又重要的事情牵着鼻子走。我们要认清这些事情为什么产生。很多时候是由于我们的计划不能按部就班地执行而产生。所以，我们要提高自己的工作效率，首先就要制定好我们的工作计划，然后再按照计划去完成，这样的工作效果一定会很好。

伯利恒钢铁公司总裁查理斯·舒瓦普曾会见效率专家艾维·利。艾维·利说自己的公司能帮助舒瓦普把他的钢铁公司管理得更好。舒瓦普承认他自己懂得如何管理，但事实上公司不尽如人意。可是他说自己需要的不是更多知识，而是更多行动。他说："应该做什么，我们自己是清楚的。如果你能告诉我们如何更好地执行计划，我听你的，在合理范围之内价钱由你定。"

艾维·利说可以在10分钟之内给舒瓦普一样东西，这东西能使他公司的业绩提高至少50%。然后他递给舒瓦普一张空白纸，说在这张纸上写下你明天要做的6件重要的事。过了一会儿又说："现在用数字标明每件事情对于你和你的公司的重要性次序。"大约5分钟之后，艾维·利接着说："现在把这张纸放进口袋：明天早上第一件事是把纸条拿出来，做第一项。不要看其他的，只看第一项。着手办第一件事，直至完成为止。然后用同样的方法对待第二项、第三项……直到你下班为止。如果你只做完第一件事，那不要紧，你总是做了最重要的事情。"

艾维·利又说："每一天都要这样做。你对这种方法的价值深信不疑之后，叫你公司的人也这样干。这个试验你爱做多久就做多久，然后给我寄支票来，你认为值多少就给我多少。"

整个会见不到半个钟头。几个星期之后，舒瓦普给艾维·利寄去一张2.5万元的支票，还有一封信。信上这是他一生中最有价值的一课。

后来有人说，5年之后，这个当年不为人知的小钢铁厂一跃成为世界上最大的独立钢铁厂，而其中，艾维·利提出的方法功不可没。这个方法还为查理斯·舒瓦普赚得一亿美元。

其实，事情要分轻重缓急，古人早就懂得这个道理。三国时候，有一个叫于禁的人，是魏国五良将之一。他最早随鲍信起兵，后来又一起归附曹操，被任为官军司马。从此跟随曹操四处征战。有一次曹操的青州兵四处抢劫，被于禁追杀后就去告发于禁叛变，恰好此时张绣叛变来攻，于禁就先扎下营寨去见曹操。曹操问他怎么不先来解释，于禁认为分辩事小，退敌事大。曹操因此十分高兴，于是封他为益寿亭侯。

小时候听过这样一则寓言故事：从前，有两个猎人，一起去野外去打猎。这时，一只大雁向他们飞过来。

"我把它射下来煮着吃。"一个猎人拉开弓瞄准大雁说。

"鹅是煮着吃，大雁还是烤着吃更香。"另一个猎人说。

"煮着吃"。

"烤着吃。"

两人争论不休，最后来了一个农夫，于是他们要农夫为他们评理。农夫给他们出了一个主意：把大雁分成两半，一半煮着吃，一半烤着吃。两人认为有理，决定将大雁射下来，但这时大雁已经飞走了。

这则寓言故事给我们的启示是：做事要分轻重缓急，机会稍纵即逝，如果我们过多地去追求一套完美的解决办法，或者力争达到统一认识，但等制定了一个完美方案或统一了认识后，机会已经错过了。

把一天的时间安排好，这对于你成就大事是很关键的。这样你可以每时每刻集中精力处理要做的事。但把一周、一个月、一年的时间安排好，也是同样重要的。这样做给你一个整体方向，使你看到自己的宏图，从而有助于你达到目标。

不做无把握之事

一只狐狸失足掉进了井里，不论他如何挣扎仍没法爬上去，只好待在那里。刚好有一只公山羊觉得口渴极了，来到这井边，看见狐狸在井下，便问他井水好不好喝？狐狸觉得机会来了，心中暗喜，马上镇静下来，极力赞美井水好喝，说这水是天下第一泉，清甜爽口，并劝山羊赶快下来，与他痛饮。一心只想喝水信以为真的山羊，便不假思索地跳了下去，当他咕咚咕咚痛饮完后，就不得不与狐狸一起共商上井的办法。

狐狸早有准备，他狡猾地说："我倒有一个方法。你用前脚扒在井墙上，再把角竖直了，我从你后背跳上井去，再拉你上来，我们就都得救了。"公山羊同意了他的提议，狐狸踩着他的后脚，跳到他背上，然后再从羊角上用力一跳，跳出了井口。

狐狸上去以后，准备独自逃离。公山羊指责狐狸不信守诺言。狐狸回过头对公山羊说："喂，朋友，你的头脑如果像你的胡须那样完美，你就不至于在没看清出口之前就盲目地跳下去。"

这个故事说明，聪明的人应当事先考虑清楚事情的结果，然后才去做，不要盲目做事。

每个人都要提高自己做事的目的性，做事要养成善于规划的好习惯，避免眉毛胡子一把抓。然而，令人感到遗憾的是，在我们的周围，常常能发现一些行动盲目、毫无计划的人，整天忙忙碌碌，晕头转向，结果却可能做了大量无意义的事情而使得忙碌失去了价值，从而失去了许多能忙出业绩的机会。

卡耐基认为，计划并不是对一个人的束缚与管制，必须做什么或不应该做什么并不是由计划决定的，而是由我们面临的不断变化的外部环境所决定的。"凡事预则立，不预则废"，要高效做事，不做盲目之事，就要养成事前制定计划的好习惯。

因为，努力不等于成功，不等于效率，无法用时间的堆积创造利润，只有有计划地忙，忙到点子上了，这样才能忙出效率、忙出业绩。

前几年曾看到一篇报道，大概意思是，夫妻俩初入股市，不懂股市操作规定，误把权证当股票买入。没想到这只权证到了第二天就是行权日，夫妻俩以为是股票正常停盘，结果错过了机会。一生三十万的积蓄一夜之间变成了一堆废纸。

看到这篇报道后，我为夫妻俩惋惜，也为他们的无知而无奈。

通过这件事情我想了很多。无论做什么事情，都不要盲目去做。把自己要做的事情考虑周全，把自己不懂的地方，认真地请教懂此事之人，问明学会以后再做决定，以免给自己带来不必要的损失。

如果是在创业之初，也是如此，想要创业，就必须做到心中有数。自己要有一个明确的目标，不要看到别人创业成功，就盲目效仿别人。这样只会导致失败和财产的损失，就像上面所说的夫妻俩一样。我想无论任何人，都不想有这样的结果，也不想把这样的沉痛教训留给自己。

常言道，兵马未动，粮草先行，也是这个道理。不打无准备之仗，不做无把握之事，不做盲目之事。

从容布好人生的局

一般来说，下围棋都要经历三个阶段——布局、中盘、收官。在黑与白的对垒中，充满着人生的大智慧。若将人生也比作下棋，可谓非常贴切。人生"布局"不好，进入"中盘"的"搏杀"阶段就会很困难。

人生的布局在你明确了人生的方向与目标后，就要立即开始着手。你应该好好思考，为了达成目标，自己的知识和能力有哪些方面需要补缺？需要向外界寻求哪些帮助？这些帮助如何获得？

一个有志当企业家的平凡青年，他在布局阶段应该学习企业经营管理的相关知识，从书本上、从实际工作中，从名人的访谈中……为自己将来创业做一些个人能力的准备。同时，他还应该留心市场的变化，保持自己对于市场的敏锐感觉。此外，还应该有意识地接近一些有投资能力的人，为自己将来创业资金的短缺预留后路。他要根据自己的目标，加长自己的"短板"。

美国著名成功学家拿破仑·希尔在研究全美数百个成功人士后，得出了一个结论：那些看似一夜成名的人，其实在成名之前就为成名默默地准备好了一切。拿破仑所谓的"默默准备"，就是笔者所说的人生布局。人生布局的时间有时会很漫长，而且在当时看不到多少明显的效用与成绩，因此有不少人会忽略这个步骤。但一项能够称得上事业的成功，又岂能一蹴而就？

布好了局的人生，就如同对猎物完成包围的狩猎，可以大显身手，把一切做得圆满。

第五章
坚持行动,让自己成为人生强者

拖延是坚持的大敌。许多人之所以没法坚持，就是因为他们没有良好的执行力，做事喜欢拖拖拉拉、犹豫不决。如果一个人连执行力都没有的话，他又怎能坚持呢？所以，坚持行动，你才能让自己成为人生的强者，才能不负青春好时光。

提升你的执行力

你知道著名品牌肯德基是怎样打入中国市场的吗？

刚开始公司派了一位代表来中国考察市场，他来到北京，看到街道上人头攒动的场面，内心激动不已，尽情地畅想着肯德基在中国站稳脚跟后的美好未来。在我们看来那位代表的工作也算得上是尽职尽责了，但回到公司后总裁还没等听完他的"美好遐想"就停止了他的工作，另派了一位代表来北京。

新代表与上一位不同的是，他先是在北京几条街道测出入流量，进行了大量的实地走访，然后又对不同年龄、不同职业的人进行品尝调查，并详细询问了他们对炸鸡的味道、价格等方面的意见，另外还对北京油、面、菜甚至鸡饲料等行业进行广泛的摸底研究，并将样品数据带回总部。

不久，那位代表率领一帮人又回到北京，"肯德基"从此打入了北京市场。

第一位商业代表之所以被解雇，并不是因为他没有好的创意，而是他的创意还只是停留在空谈上。后来的这位代表是一位想到就做，马上行动的人，他不但胸怀让"肯德基"驻足中国市场的美好创意，还坚定地通过行动来立即着手实现这一创意。

如果我们认准了一项工作，那么我们就要立即行动，因为世界上有93%的人都因拖延懒惰而一事无成。一日有一日的理想和决断，昨日有昨日的事，今日有今日的事，明日有明日的事。对有些人来说时间是金钱，对有些人来说时间是废品，一百次的胡思乱想抵不上一次的行动。

如果你犯了一项错误，这个世界会原谅你。但如果你未做任何决定，这个世界将不会原谅你。如果你已做了一个真正的决定，就要马上行动。

当你养成"现在就动手做"的工作习惯时，你就掌握了个人进取的精髓。

你工作的能力加上你工作的态度，决定你的报酬和职务。那些工作效率高、做事多并且乐此不疲的人，往往担任公司最重要职务。当你下定决心永远以积极的心态做事时，你就朝自己的远大前程迈出了重要的一步。

一开始，你会觉得坚持这种态度很不容易，但最终你会发现这种态度会成为你个人价值的一部分。而当你体验到他人的肯定给你的工作和生活所带来的帮助时，你就会一如既往地用这种态度做事。

有一位心理学家多年来一直在探寻成功人士的精神世界，他发现了两种本质的力量：一种是在严格而缜密的逻辑思维引导下艰苦工作；另一种是在突发、热烈的灵感激励下立即行动。

当可能改变命运的灵感在世俗生活中喷发时，绝大多数人习惯于将它窒息,而后又回到原来的生活常轨:什么时候该做什么照常做什么。他们并没有意识到,内在的冲动是人类潜意识通向客观世界的直达快车。

威廉·詹姆斯说:灵感的每一次闪烁和启示,都让它像气体一样溜掉而毫无踪迹,这比丧失机遇还要糟糕,因为它在无形中阻断了激情喷发的正常渠道。如此一来,人类将无法聚起一股坚定而快速应变的力量以对付生活的突变。

沃尔特B·皮特金有一次在好莱坞时,一位年轻的支持者向他提出了一项大胆的建设性方案。在场的人全被吸引住了,它显然值得考虑,不过他们可以从容考虑,然后讨论,最后再决定如何去做。但是,当其他人正在琢磨这个方案时,皮特金突然把手伸向电话并立即开始向华尔街拍电报,以电文形式热烈地陈述了这个方案。当然,拍这么长的电报花费不菲,但它转达了皮特金的信念。

出乎意料的是,1000万美元的电影投资立项就因为这个电文而拍板签约。假如他们拖延行动,这项方案极可能就在他们小心翼翼的漫谈中自动流产——至少会失去它最初的光泽。然而皮特金立刻付诸行动了。

很多人羡慕皮特金办事如此简明,然而事实是,他之所以办事简明,就是因为他在长期训练中养成了"马上行动"的习惯。

世间永远没有绝对完美的事,"万事俱备"只不过是"永远不可能做到"的代名词。一旦延迟,愚蠢地去满足"万事俱备"这一先行条件,不但辛苦加倍,还会使灵感失去应有的乐趣。以周密的思考来掩饰自己的不行动,甚至比一时冲动还要错误。

很多时候,你若立即进入工作的主题,将会惊讶地发现,如果拿浪费在"万事俱备"上的时间和潜力处理手中的工作,往往绰绰有余。而且，许多事情你若立即动手去做，就会感到快乐、有趣，加大成功概率。

马上去做、亲自去做是我们应该有的做事理念，任何规划和蓝图都不能保证一个人的成功，唯有做出来才知道结果如何。很多人之所以能取得今天的成就，不是事先规划出来的，而是在行动中一步一步经过不断调整和实践出来的。因为任何规划都有缺陷，规划的东西是纸上的，与实际总是有距离的，规划可以在执行中修改，但关键还是要马上去做！根据你的目标马上行动，没有行动，再好的计划也是白日梦。要想成为强者，现在就动手去做。

说一百遍，不如去做一次

有个落魄的年轻人每隔两天就要到教堂祈祷，而且他的祷告词几乎每次都相同。

第一次他到教堂时，跪在坛前，虔诚地低语："上帝啊，请念在我多年来敬畏您的份上，让我中一次彩票吧！阿门。"

几天后，他又垂头丧气地来到教堂，同样跪着祈祷："上帝啊，求您让我中一次彩票吧！我愿意更谦卑地来服侍您，阿门。"

又过了几天，他再次出现在教堂，同样重复他的祈祷。如此周而复始，不间断地祈求着。

到了最后一次，他跪着："我的上帝，为何您不垂听我的祈求？让我中彩票吧！只要一次，让我解决所有困难，我愿终身奉献，专心侍奉您……"

就在这时，圣坛上空传来一阵宏伟庄严的声音："我一直垂听你的祷告。可是，老兄，你最起码也该先去买一张彩票吧！"

你曾想过要中一次彩票吗？光去乞求是不对的。

有一个在保险公司上班的员工，他被公司开除了。因为他对公司的规章制度牢骚满腹，怨声载道。很快，人们就看到麻烦出现了，不是公司有了麻烦，而是那个员工。他对一些微不足道的事耿耿于怀，终于做得太离谱了，失去了在保险公司上班的机会。公司并不是完美无缺的，老板和其他的员工都愿意承认这一点，但是，公司有着某些优势，而且它也依赖这些优势，不管员工们是否利用了这些优势。

因此，工作中，我们应该抓住现有的好处，自己尽力做到最好。如果一个地方不好，我们就应努力去完善，让它变得好起来，而不是一味地不满、抱怨。

要知道，如果你为别人工作，就不能三心二意，不能阳奉阴违。如果不能全心全意，不如干脆不干，一味地抱怨不满可能割断了自己与公司联系起来的纽带。不强不是我们的错，然而对其所取的态度却取决于我们自身。

强者说，"自知者，不怨人，知命者，不怨天，怨人者穷，怨天者无志"。古人这么简单的几句话已经把道理说得很明白了。

孟子说得更直接："天将降大任于斯人也，必先苦其心志，劳其筋骨。"我们为什么不能现在的弱势当作是对自己的一种磨砺呢？

一旦对生活的态度发生改变，生活处境也会随之改变。强者会增强信念，丰富自己的知识，让自己置身于更优越的环境，就能获得更多的机会。

我们一定要让自己明白，说到不如做到，成功是落实在行动上，不是停留在嘴巴上的，嘴上谈兵是永远不可能打出胜仗的。

坚持去做比什么都重要

成功没有捷径，想达到自己的目标就要努力去做。行动起来至少你还拥有一线机会，只想不做你就只会一无所有。

生活的目的在于设法得到欢乐，避免痛苦，但是有时必须暂时忍受眼前的挫折和不适，以图将来得到更大的、长久的利益和快乐。

一个人不要贪图眼前的快活，牺牲了长久的利益。

乳牛跑进了田地里，你成天对着乳牛数落它的不是，但这并无法把它从田中赶出来，无疑是对牛弹琴。换个做法，你何不把它牵出来拴住，在草地上搭个围栏，这样既可以喂饱牛，又可以防止它再闯进田里。

强者与弱者的区别在于：前者动手；后者动口，却又抱怨别人不肯动手。

《论语》中说："君子讷于言、敏于行。"这句话翻译成白话文便是："君子不大说话，但勤于行动。"简单地说就是"行动胜于言论"。这岂不是许多人应该反省的吗？

要了解一个人，看他的行为比听他说更准确。你的所作所为，是衡量你是怎样一个人的唯一标准。爱默生说："不要说个不停。你是个怎样的人，此刻就明摆在眼前，比你说得更清楚，所以我不用听你说。"

在我们的生活里，很多人都知道哪些事该做，然而总有一些人不是真正力行去做。乐观但没有积极的行动来配合，就是一种自我陶醉。

一个人在孩童时就一直想学弹钢琴，但他没有钢琴，对此他深感遗憾，决定长大后一定要找时间去学钢琴，但他似乎没有时间。这件事让他很沮丧，当他看到别人弹钢琴时，他认为"总有一天"他也可以享受弹钢琴的乐趣，但这一天总是那么遥遥无期。

光是知道哪些事该做仍是不够的，你还得拿出行动来。

万事开头难，行动的第一步是最难迈出的。很多人执着于周全的计划、详细的谋划。他们把各种困难全部一一排列出来，然后在脑海中找寻各种克服的办法，结果又有新的困难产生，越来越千头万绪。最终被千头万绪的困难压倒，在行动之前就放弃了。这种人明显缺少决断力与行动力。实际上，再远大的先见之明，再准确的判断，如果不付诸行动，也是毫无意义的。

有一个分公司，经理、科长都是大学生，但整个公司的运作效率却出奇地低，有许多次商机都没有抓住。总公司深感疑惑，经过调查，明白了原因。原来每当开会时，每个人都有自己的方案与计划。而每当一个人提出方案与计划时，总能会被其他人挑出许多毛病来。一场会议下来，十个提案能通过一个就算不错的了。

总公司根据这种情况，另选派了一位员工出任分公司总经理。这位男士并非科班出身，而是一位从底层员工做起，一步步凭实绩升上来的实干家。结果在以后的会议中，尽管有些提案受到许多指责，但这位老总只要觉得有可取之处，立马拍板通过。虽然也有过一些错误的决定，可公司的运作效率上升了10倍不止。

这位总经理在一次会议上向大家解释了自己的做法："首先要迈出

脚步，边做边想是我一贯的做法，也因此会受到一些挫折。但你不迈出第一步，就什么也没有。"

在我们考虑行动的成效时，这种做法好像不大合乎常理。但对于一个缺乏行动力的人来说是特效药。当你养成了一边行动一边构想下一步的习惯时，行动力自然就形成了。而且在行动中直接面对困难，克服困难往往让人的才智、能力得到发挥。

事实上不能期待每次行动都有良好的效果，所谓万无一失的计划只是纸上谈兵。不行动起来是不会有结果的。这里并不是否定三思而后行的规则，只是说做了后悔胜过不做而后悔。机会不属于不敢行动的人。

要想成功，最重要的便是行动。

赫胥黎有句名言："人生伟业的建立，不在能知，乃在能行。"设定的目标，如果不付诸行动，便会变成画饼。

我们不仅要认识这些教诲，更要去实践它。鼓起勇气去做你一直想做的事。一次有勇气的行为，可以消除所有的恐惧。不要告诉自己非做好不可，强者让我们记住：去做，比做好更重要！只要做了，不管对与错，至少你已经开始着手了，然后在不断在实践中总结经验，更正错误，只有去做，才会慢慢地向强者的位置靠近。

先走一步，你才能先发优势

生活中，那些"随大流"的通常都是弱者，只有拥有敏锐眼光，大胆走在人前的强者才能抓住机遇，获得成功。

在我们的生活中有许许多多这样的人,他们总是把自己的成功寄托在社会背景、家庭关系和机遇上。这是一种典型的消极思想和消极的自我意识,给他们带来的后果是自卑,不能正确地认识自己,没有积极的自我意识,因而也就不能发现自己的优缺点。究竟什么能使一个人成功?你或许会说,你的人生不取决于自己,而是被自己不能选择也不能控制的处境和力量等机遇所影响。其实,机遇到底从何而来?它不是从天而降的,而是从积极的自我意识为核心的信念和成功心理中带来的。

托尼就是这样一个人。他不盲从别人,不在意别人的嘲讽,能够在瞬息万变中发现并把握住机遇,最终成就了自己的一番事业,也改变了自己的生活。

1932年,随着世界经济形势的好转,英国经济大恐慌的局面似乎好转了一点,但在这个时候开设一家新公司,的确有些不合时宜,尤其开设家具公司,更是显得荒谬。因为在这段时间里,许多家庭为了节省开支,都实施"合并"政策了,不是做父母的搬来跟子女一起住,就是子女搬去跟父母一起住,如此一来,家具市场的销路当然大为减少。

面对这样的一种市场现状,任何人也不曾想到要开设家具公司,但是,伦敦市的一个普通木匠托尼却想到了。他曾经花费了很长一段时间来考虑这个问题,在反复调查和研究市场以及衡量自己的利弊之后,托尼认为,此时经营家具业并非有赔无赚,因此他最终还是决定要开一家新的家具公司。

在他筹划开新公司的期间,很多朋友都认为他发疯了。经济状况如此萧条,人人都在勒紧裤腰带过日子,谁还有心思去添置家具呢?这时候开家具公司,不是明摆着不识时务吗?一向对托尼怀有坚定信心的妻子玛丽也产生了怀疑。

托尼诚恳地说:"我从不欺骗你,亲爱的,就市面上的行情来说,开家具店的确不合时宜。不过我考虑过了,别人不能做,但我可以做,并且可以把它做好。

"说出来道理很简单,因为我自己会木匠手艺,而且,我的手艺已经获得很多老顾客的赞赏和信任。因此,开始的时候,一切都可以由我自己来,用不着请师傅甚至也不必请伙计,我自己苦一点就行了。这一点你认为有没有道理?"

"道理是有,但是光有人会做也不成,还要有人买才行,是不是?"

"那是当然,不过这一点我也考虑到了,我想销路不会有太大问题。"

托尼还对妻子玛丽陈述了他这样做的两个理由:

一是在开始时不求多做,但要做最高档的产品。经济形势固然萧条不堪,但有些殷实的商人和皇亲贵族家庭,并没有完全失去购买力,相反他们的消费实力依然很强,只要做的家具能中他们的心意,他们照样舍得出大价钱来购买。二是在家具式样的设计和制作方面,托尼颇有信心,他相信,只要他多用点心思,以他这么多年制作和管理家具的经验,设计出来的式样,一定可以得到那些消费者的喜爱。

玛丽听了他的分析,也不禁信心大增,她很欣慰地说:"我听了别人的议论,心里真有点替你担心,现在经你这么一分析,我也觉得的确可以这样做,不会有太大的风险。"

"我的真正目的是为将来着想,如果现在不设法把生意做起来,等到市面恢复了以后再做,可就要被同行甩在后面了。"

"你的考虑的确很周到,眼光也的确敏锐而且深远。"妻子玛丽赞同了他的意见。但由于经济情况混乱，没有人愿意投资，托尼很难筹集到资金。于是，妻子背着丈夫把结婚项链典当了，才勉强开业。

限于资金缺乏，托尼新开的家具店虽不起眼，设备简陋，名声却很快地传开了。原因是托尼在伦敦木厂工作时，已经建立了很好的声誉，不管是家具零售商、还是材料供应商，都对他非常信任，所以生意开始不久，就已经远近知名了。

这样，经过几年的努力，托尼渡过难关，迎来了世界经济的全面复苏并占领了市场的先机，随着家具需求猛增，企业发展越来越好。

强者总是比别人先走一步，这样他们也就比别人先一步得到机遇，他们不随波逐流，时时刻刻关注着机遇，然后抢先一步得到，抓住了机遇就等于握住了成功的钥匙。

不要拖延，刻不容缓

你见过迅猛的猎豹在伺机扑食时的景象吗？这种世界上跑得最快的动物，常以矫健的身姿，借着环境的伪装，悄悄靠近猎物，一待猎物放松警惕，便箭一样出击，以迅雷不及掩耳之势，直取目标。

职场上的强者，更有着猎豹般的机敏、快速的决断和迅猛的出击能力。

传媒大亨默多克在年轻时便继承父业，从事报刊业。由于父亲不善经营，他接手的是一个资不抵债的烂摊子。他说服母亲，保住了《新闻报》和《星期日邮报》两份报纸没有转让。并且他认定，报纸是大众文化的一种文化载体，因此必须按照大众的阅读口味为他们提供通俗的文化消费品。

他的这一决断，遭到当时董事会其他成员和编辑的强烈反对，但是默多克是绝不会在原则问题上作妥协。于是，他迅速调整了原来的办报风格。

结果，在短短的二三年内，这两份报纸便转亏为盈，由此，默多克也打败了他的竞争对手。

成功激发了默多克进一步进取的决心，他就像一个偷偷跟在猎物身后的豹子，时刻准备着再次出击。

这时，悉尼报业市场两大新闻垄断组织的对立，为默多克的挤入提供了可乘之机。由于《镜报》经营不善，入不敷出，只能把它转手，以挽回巨大的经济损失，但《镜报》的经营者又不想它落入竞争对手手里，而增强其竞争力。正雄心勃勃，寻找时机，准备打入悉尼报业市场的默多克，得到这一消息就乘虚而入，以400万美元令人无法拒绝的高价，买下了准备出手的《镜报》。

收购《镜报》之后，默多克果断决定，对这家小报进行脱胎换骨的改造。在默多克的努力下，该报很快就给他带来了丰厚的回报：在报业市场形成三足鼎立的局面。

默多克的再一次成功，一方面归功于他的果敢，该出手时就出手，另一方面是他像一个猎豹一样，早就伺机以待了。

CEO们必须具备的"猎豹人"的特质，时刻清楚地意识到自己下一步要干的事情，就能决断在千里之外。他们一旦出击便让对手无还手之力，且一击必中。否则，只能把成功的机会拱手让给对手。

随后，默多克进行了一系列的收购和扩充，每一次都以决断及时、行动快速而著称。这时，他的报业帝国已遍及澳大利亚、美国、英国等好几个国家。而一直令默多克耿耿于怀的是：自己没能在作为现代生活重要标志之一的电视业中占据位置。于是，像又瞄上了猎物的豹子，默多克又把目光对准了电视业。

当时澳大利亚有两大电视业社团，分别在悉尼和墨尔本。悉尼的联合电视广播公司控制了该市第三大电视台。1979 年，默多克以豹子一样灵敏的嗅觉，获悉该电视公司的两个最大股东，表示愿意出售一部分股票，约占公司股份的 22%。这真是为默多克提供的天赐良机。默多克当即决定，全部收购它。

决断一经敲定，默多克就立即实施。可是联合电视广播公司的总裁，为了分散股权，防止一方控制公司，只同意将其中的一部分股份买给默多克，而将较小的一部分买给另一位股东。默多克在得到这一消息后，迅速地在悉尼股票市场上大收购，并且通过与主要股东的私下接洽，直接从他们手中购进该公司的股份。这样，只有几个星期之后，默多克便掌握了联合公司的大量股份，拥有了大约 46% 的在外股票，从而有效地控制了该公司。

默多克每一次成功的制胜法宝，都应该归功于他准确的决断和决断之后的快速行动。

美国石油大亨洛克菲勒，在经营他的石油帝国的初期，正是原油开采急剧增长的时期。本打算进行投资的他，经过一段时间的考察，他敏锐地感觉到，由于石油需求有限，每天生产出的石油卖不出去，他预测油市一定下跌。这是盲目开采，他告诫自己说，现阶段不能进行投资。

果然，不出洛克菲勒所料，由于疯狂地钻油，导致油价一跌再跌。

洛克菲勒以自己敏锐的直觉，预测出原油市场的行情，于是当机立断，做出决断，放弃原油市场的投资。从而避免了自己的巨大损失。

3年后，原油一再暴跌之时，洛克菲勒却认为这是投资石油的时候了。他与朋友一起合伙开设了一家炼油公司，采用新技术提炼煤油，使得公司迅速发展起来。他在耐心等待，冷静观察一段时间后，决定可以放手大干了。而合伙人举棋不定，不敢冒风险，洛克菲勒则坚决不让步，两个人只好分道扬镳。

最后，洛克菲勒以高价买下合伙人的股份，取得了公司的空股权。他后来回忆说，这是一个具有决定性意义的时刻："这是我平生所作的最大决定。"从此，他的石油帝国慢慢成长起来。

不难看出，传媒大王默多克以他的果敢的决断、迅速的行动，一次又一次获得成功。无独有偶，石油大王洛克菲勒也因为他像猎豹一样的出击，而成为美国历史上的首富。这证明了什么？

证明了成功人士的决断，要像猎豹一样，机敏、果敢、勇猛，否则，食物是不会自动送上门的！这是他们必须具备的基本素质，只有这样，才能在竞争越来越激烈的社会里，引领自己的企业，去分得市场这块蛋糕，这也充分体现了他们自身的价值。

强者不找借口

任何一个强者都不是寻找借口的高手，更不会把宝贵的时间和精力花在它上面!

"没有任何借口"是西点军校奉行的最重要的行为准则,它强调的是每一个人都应该想尽办法去完成任何一项看似困难重重的任务,而不是把精力用在寻找任何借口上,再合理的借口,也只是开脱自己、推卸责任的推辞。

每一个想要成为强者的人,在上级或老板布置的任务面前,都要像猎豹扑食一样迅猛,没有任何理由、不带任何借口地努力完成任务,直逼目标而义无反顾。

如果不把西点军校仅仅看作是一所陆军学校的话,就会发现,西点军校有很多方法和思想,都很适用于把一个普通人培养成为一名强者。有统计显示,二次世界大战以后,在世界500强企业里,西点军校培养出来的董事长有1000多名,以及其他许多高级管理人才。而任何一所商学院,都没有培养出这么多优秀的经营管理人才。

五星上将巴顿将军,在他的回忆录中曾写过这样一个细节:

"我要提拔人时,常常把所有的候选人排到一起,给他们提一个我想要他们解决的问题。我说:'伙计们,我要在仓库后面挖一条战壕,8英尺长,3英尺宽,6英寸深。'我就告诉他们这么多,然后我通过窗户孔观察他们,我看到伙计们把铁锹和镐都拿到仓库后面的空地上。他们休息几分钟后,开始议论我为什么要他们挖这么浅的战壕。他们说6英寸深还不够当火炮掩体。其他人争论说,这样的战壕太热或太冷。如果伙计们是军官,他们会抱怨不该干挖战壕这么普通的体力活儿。最后,有个伙计对别人下令说:'让我们把战壕挖好后离开这里吧,那个人想用战壕干什么都没有关系。'"

最后，巴顿将军写道："那个伙计得到了提拔。我必须挑选不找任何借口完成任务的人。"

"没有任何借口"使这个军官得到了晋升。正是在这一宗旨下，西点培养出了无数个CEO。它要求每一个学员：在面对新环境时，要努力适应压力；要有不达目的地，绝不罢休的毅力。它让每一个学员都懂得：工作中没有任何借口，失败后没有任何借口，职场上更不需要任何借口。

"没有任何借口"不是缺乏人情味的冷漠，而是高效率解决问题的法宝，它能激发一个人最大的潜能，产生自我认同和自我崇拜。

伟大的巴顿将军曾在他的日记中写道：

"有一天，潘兴将军派我去给豪兹将军送信。但我们所了解的关于豪兹将军的情报只是说他已通过普罗维登西区牧场。天黑前我赶到了牧场，碰到第7骑兵团的运输队。我要了两名士兵和三匹马，顺着这个连队的车辙前进。走了不多远，又碰到了第10骑兵团的一支侦察巡逻兵。他们告诉我们不要再往前走了，因为前面的树林里到处都是敌人。我没有听，又沿着峡谷继续前进。途中又遇到一支巡逻队。他们告诉我们不要往前走了，因为峡谷里到处都是敌人。他们也不知道豪兹将军在哪里。但是我们仍继续前进，最后终于找到了豪兹将军。"

巴顿将军没有因为一次又一次的干扰信息，为保全自己而退缩。而是在早已融化在他血液里的、根深蒂固的意识——"没有任何借口"这一西点军校旨的潜移默化的驱使下，顺利地完成了任务，完成了别人认为不可能完成的任务，成了一则永远传颂的战地佳话。

商场就如同战场一样，充满变幻不定的因素和未知的坦途，那些领导企业的强者，能有适应新环境，面对新问题时，拿出不达目的决不罢休的气魄和勇气，带领企业义无反顾地去解决问题，创造更多利润。

心存找借口的意念，就不会有全力以赴的热情；心存找借口的意念，就会人为地失去了和别人站在同一个起跑线上的机会。

快快行动起来吧！只要你在"没有任何借口"的意识的影响下，定能勇于承担责任，圆满解决问题，赢得同事的尊敬，老板的赏识，从而真正踏上一名强者之路！

不要为自己找任何的借口，它会阻碍你前进的脚步，每一个借口都会使你停顿一下，要想快速地成为强者，就必须没有借口。

不再迟疑，立即行动

有这样一则寓言：一头驴在两垛青草之间徘徊，欲吃这一垛青草时，却发现另一垛青草更嫩更有营养，于是，驴子来回奔波，没吃上一根青草，最后饿死了。驴子饿死，是因为没有草吗？不是，草足够它吃饱的，可它确确实实饿死了。这是因为它把大部分的精力花在考虑该吃哪一垛草上，而没有去实践吃草。

也许有人认为，我们人比驴子聪明多了，不会犯驴子一样的错误。果真如此吗？

有一个故事，说的是一个父亲试图用金钱赎回在战争中被敌军俘虏的两个儿子。这个父亲愿意以自己的生命和一笔赎金来救儿子。但他被告知，只能以这种方式救回一个儿子，他必须选择救哪一个。这个慈爱而饱受折磨的父亲，非常渴望救出自己的孩子，甚至不惜付出自己的生命，但是在这个紧要关头，他无法决定救哪一个孩子、牺牲哪一个。这样，他一直处于两难选择的巨大痛苦中，结果他的两个儿子都被处决了。

歌德曾经说过，犹豫不决的人永远找不到最好的答案，因为机遇会在你犹豫的片刻失掉。所以我们必须抛掉犹豫不决的习惯，即使处在混乱中，也必须果断地做出自己的选择。

在圣皮埃尔岛发生火山爆发大灾难的前一天，一艘意大利商船奥萨利纳号正在装货准备运往法国。船长马里奥敏锐地察觉到了火山爆发的威胁。于是，他决定停止装货，立刻驶离这里。但是发货人不同意，他们威胁说现在货物只装载了一半，如果离开港口，他们就去控告他。但是，船长的决心却毫不动摇。发货人一再向船长保证培雷火山并没有爆发的危险。船长坚定地回答道："我对于培雷火山一无所知，但是如果维苏威火山像这个火山今天早上的样子，我一定要离开那不勒斯。现在我必须离开这里。我宁可承担货物只装载了一半的责任，也不继续冒着风险在这儿装货。"

24小时后，发货人和两个海关官员正准备逮捕马里奥船长，圣皮埃尔的火山爆发了。他们全都遇难了。这时候奥萨利纳号却安全地航行在公海上，向法国前进。

试想一下，如果马里奥船长有迟疑不决的习惯的话，那么他会得到什么样的结局呢？毫无疑问，同发货人一起毁灭。在一些必须做出决定的紧急时刻，不能因为条件不成熟而犹豫不决，你要把自己全部的理解力激发出来，在当时的情况下做出一个最有利的决定。

我们要努力训练自己在做事时当机立断的能力，就算有时会犯错误，也比那种犹豫不决、迟迟不敢做决定的习惯要好。成千上万的人虽然在能力上出类拔萃，却因为犹豫不决的行动习惯错失良机而沦为平庸之辈，要想成为强者，做任何事都不要迟疑，迟疑了，机遇也就消失了，成功自然与你失之交臂。

机会往往都在迟疑中溜走，迟疑的越久，溜走的机会的也就越多。要想成为强者，就什么事也不能反应迟钝，而是迅速的行动，不管怎样，先抓住机会再说。

让行动代替抱怨

二十几岁的格威林是个普通的年轻人，有太太和小孩，收入并不多。

他们全家住在一间小公寓里，夫妇两人都渴望有一套自己的新房子。他们希望有较大的活动空间、比较干净的环境、小孩有地方玩儿，同时也增添一份产业。

买房子的确很难，必须有钱支付首付才行。有一天，当他签发下个月的房租支票时，突然很不耐烦，因为房租同新房子每月的分期付款差不多。

格威林跟太太说："下个礼拜，我们去买一套新房子，你看怎样？"

"你怎么突然想到这个？"太太说，"开玩笑！我们哪有能力！可能连首付都付不起！"

但是，格威林已经下定决心："跟我们一样想买一套新房子的夫妇大约有几十万，其中只有一半能如愿以偿，一定是什么事情才使他们打消这个念头。我们一定要想办法买一套房子。虽然我现在还不知道怎凑钱，可是一定要想办法。"

第二个星期，他们真的找到一套俩人都喜欢的房子，朴素大方又实用，首付是1200美元。他知道无法从银行借到这笔钱，因为这样会妨害他的信用，使他无法获得一项关于销售款项的抵押借款。

正在一筹莫展之际，格威林突然有了一个想法，直接找包销商谈，向他借款。他真的这么去做了。包销商起先很冷淡，在格威林的一再坚持下，最终同意了。包销商同意格威林将1200美元的借款按月偿还100美元，利息另外计算。

现在他要做的是，每个月凑出100美元。夫妇两个想尽办法，一个月可以省下25美元，还有75美元要另外设法筹措。

这时，格威林又有了另一个想法。第二天早上，他直接跟老板解释这件事，他的老板也很高兴他要买房子。

格威林说："您看，为了买房子，我每个月要多赚75美元才行。我知道，当您认为我值得加薪时一定会加，可是我现在很想多赚一点钱；公司的某些事情可能在周末做更好，您能不能答应我在周末加班呢？"

老板对于他的诚恳和激情所感动，真的找出许多事情让他在周末工作10个小时，他们因此欢欢喜喜地搬进了新房子。

格威林将想法付诸行动，最终实现了自己买房的夙愿，而不是去抱怨人家为什么有新房之类，如果他一直拖延下去，那么，最终是只能"寄人篱下"了。

与其成为一个被动的人，不如去行动，去改变环境。想等所有条件都十全十美后再动手，通常是不可能的。由于实际情况与理想永远不能相符，所以只好一直拖下去了，理想也就成了空想。

务实的人不空谈，不幻想，也不怨天尤人。缺少条件，就自己创造，总之，他们要干事业，就是面对现实，干实实在在的事情。多一点儿务实，少一点浮躁，对年轻人来说极为重要。

1996年的时候，二十几岁的宋文博到深圳市沙头汽车站做了一名清洁工，月薪600元。这相当于他家一年到头养的两头大肥猪卖的钱。因此，他十分知足，便把全部心思都用在了扫地上。那个时候，其他同事每天一下班就走了，可他没什么地方可去，就主动留下来，帮那些回来晚的司机洗车和清理车里的垃圾。

后来，车站经理私人承包了汽车站。为了提高效益，把更多的时间用在业务上面，车站经理就想把车站的清洁工作承包出去。当时，车站经理就毫不犹豫地将每年25万元的清洁服务合同交给了宋文博。就这样，凭着勤奋和可贵的敬业精神，宋文博成了一位有十多名工人的主管。

一年合同期满后，车站方面不但又同宋文博签订了五年的清洁服务合同，而且还发给了他5000元奖金。这一年，宋文博赚了3万多元。

2000年的一天晚上，宋文博在打扫一辆大巴士时，发现了一个黑色塑料袋。他捡起来打开一看，里面有20万元的现金，还有一份合同书。

宋文博想到失主一定很着急，马上就拨打了合同书上留下的电话号码，原来失主是一家大型工厂的经理。巨款失而复得，经理感激不已，当场就拿出2000元钱酬金，并要告诉车站的领导，但被宋文博坚决拒绝了。经理便向他要了一个电话号码，千恩万谢地走了。

半个月后，该经理找到宋文博，原来他的工厂有3000多名员工，占地4万多平方米。他们也想把工厂的清洁卫生工作承包给宋文博，好让厂里省点事。于是，宋文博凭借其拾金不昧的人生态度拿到了每年百万元的清洁服务合同。

2001年9月，宋文博成立于"深圳市绿云清洁服务公司"，同时，聘请了园艺专家、专业管理人员，自己也抽空努力学习相关知识，实现了从一个清洁工向老板的转变。

后来，宋文博承包了包括医院、工业区、车站、政府办公楼和学校在内的10多家单位的清洁服务工作，年总营业额已达到了1400多万元，属下的清洁工人队伍达到了600多人。

在深圳这个卧虎藏龙之地，一个小伙子只是靠扫地就扫出了上千万的财富。而他最大优势仅仅是一双勤劳的手和一颗踏实做人的心。

一步一个脚印，干一行，精一行，不图虚名，不搞花架子，多做少说；面对指责，不争论，不辩解；面对成绩，不自大，不张扬；清清白白做人、扎扎实实做事，这才是年轻人应该具备的做事风格。

无所事事的人，现在的抱怨，注定了十年以后的平庸；有志青年应当通过努力行动，改变处境。

动起来，才会有惊喜

如果你瞻前顾后，习惯犹豫不决，而不知道自己真正需要什么，那么你将永远不可能成功。一个成功者不会是一个完人，会有各种各样的缺点，但是他知道自己需要什么，并且努力追求。他会犯错误，会遇到挫折，但他总是迅速地站起来，继续前行。

在现实生活中，只有行动起来的人，才能在行动的过程中获得生活的回馈。即使行动的方向有误，你也能从中吸取教训，使自己在今后的人生道路上有更多的经验来应付类似的困难。

没有行动，是不可能取得成功的。思想虽然必不可少，但最重要的是必须付诸实践——多思，更要多行。

有一个人向一位思想家请教："成为一位伟大思想家的关键是什么？"

思想家告诉他："多思多想！"

这个人满心欢喜，回家后躺在床上，望着天花板，一动不动地开始了"多思多想"。

一个月后，这个人的妻子跑来找思想家："求您去看看我丈夫吧，他从您这儿回去后，就像中了魔一样。"

思想家就去看这个人，这个人爬起来问思想家："我每天除了吃饭外，一直都在思考，你看我离伟大的思想家还有多远？"

思想家问："你整天只想不做，那你思考了些什么呢？"

那人道："想的东西太多，头脑里都装不下了。"

"我看你除了脑袋上长满头发外，收获的全是垃圾。"

"垃圾？"

"只想不做的人只能生产思想垃圾，"思想家答道。

只有行动起来，你才有成功的机会，你才会在实际行动中找到处理问题的最佳办法，才会在实际行动中找到适合于你的生活方式。

成功总是青睐意志坚定、精力充沛、行动迅速的人。这种人不但善于作出决定，而且善于执行决定。当面对问题的时候，他会全面考虑自己所面对的情况，果断地做出选择，然后坚定执行。这样的人有超常的管理能力，他不仅制订计划，还能够执行计划；不但作出决定，而且还能够将决定贯彻到底。

踏实肯干的人总是早早行动。如果你想成就一番伟业，你在确立远大的目标之后，就要静下心来，认认真真、脚踏实地做你该做的事情。在通往成功的路上，你不要梦想一步登天，如果基础不扎实，那么，你的奋斗目标无异于空中楼阁。所以，真正聪明的人，就是一步一个脚印地走，用自己的行动构筑成功的基石。

一旦有了什么想法，就要立即行动。然而有的人总是优柔寡断、犹豫不决，等他们决定了该怎样去做时往往已经错过了时机，最后，他们只能说："如果当时我那样做肯定就不会像现在这样了，可是我现在这样做又会出现什么样的问题呢？"这种瞻前顾后的思维使他们停滞不前，即使再给一次机会，他们也抓不住。

这种思维方式使人们采取行动时出现了障碍，总让那些飘忽不定的想法左右着自己的计划，却自认为方方面面都考虑得十分周全。其实，这种自认为聪明的想法是一种极端保守的思维方式。而杰出的人却正好与之相反，他们对自己认准的事，会立即采取行动，而且不干则已，一旦行动就一定要有个结果。

心动不如马上行动

一个神奇美妙的景象突然像闪电般地侵入一位艺术家的心间，但是，他不想立刻提起画笔将那景象绘在画布上。虽然这个景象占据了他全部的心灵，然而他总是不跑进画室埋首挥毫。最后，这神奇的景象渐渐地从他的心扉上淡去！

你是不是也经常有这样的创意、想法？那么赶快行动，把它付诸实践吧！

一张地图，不论它有多么详细，比例尺有多么精密，绝不能够带它的主人在地面上移动一寸；一本羊皮纸的法禅，不论它有多公正，绝不能够预防罪行。所以，唯有行动，才是滋润成功的水分。

从现在开始，一定要记住萤火虫的教训。因为它只在行动的时候才会放出光。试着将自己变成一只萤火虫，即使在太阳底下，也能看见你的光。要奋斗，要成功，就要做萤火虫，用自己行动的光芒照亮前程。

在日常的生活中，你也许经常听到这样的话："我要等等看，情况会好转的。"对于有些人来讲，这似乎已经成为他们习以为常的一种生活方式。他们总是等待明天，因而总是碌碌无为。

有的人迟迟不采取行动的原因是有患得患失、优柔寡断的毛病。即使他把事情想得特别全面，可一旦要行动就会出现这样或那样的担心：问题到时候解决不了怎么办？事情不能成功怎么办？犹豫到最后只能是竹篮打水一场空。

还有的人常常对自己的决定产生怀疑，害怕因为自己的决定而承担责任，更不敢相信自己的决定能起很大的作用。由于这种不自信，他们设计的美好人生常常成为泡影。

从现在开始，你要强迫自己培养遇事决断的能力。从出现问题开始，果敢决策。在处理一些重大事情的时候，从各方面加以考虑，用理智去化解疑问，从而作出最后的决定。

总有很多事情需要完成，如果你正受到怠惰的钳制，那么不妨就从当下的一件事着手。这是件什么事并不重要，重要的是，你突破了无所事事的恶习。否则，事情还是会不断地困扰你，使你觉得烦琐无趣而不愿动手。

你遇见过那种喜欢说"假若……我已经……"的人吗？这些人总是喋喋不休地大谈特谈他以前错过了什么样的成功机会，或者正在"打算"将来干什么样的事业。总是谈论自己"可能已经办成什么事情"的人，只是空谈家。实干家往往是这样说的："假如说我的成功是在一夜之间得来的，那么，这一夜乃是无比漫长的历程。"

不知会有多少人每天把自己辛苦得来的新构想取消，因为他们不敢执行。过了一段时间以后，这些构想又会回来折磨他们。立即执行你的创意，以便发挥它的价值。不管创意有多好，除非真正身体力行，否则，永远没有收获。

如果能做，就立刻行动。这是所有成功人士的共识。

法尔维从小就有个梦想，那就是走遍美国，进行探险。他从小就喜欢运动，而且从来就是想做就做。

当他还在读小学的时候，打算给自己买副网球拍。于是，他便利用课余的时间，到周围去捡一些垃圾罐，然后将它们卖掉。结果，用了一个暑假的时间，他实现了自己的愿望。

后来，他上了高中，同学中经常有些人每天都骑摩托车上下学。他见了很是羡慕，于是打算买辆摩托车。他又利用课余时间找了3份兼职工作。后来，他利用自己打工赚来的钱买了一辆摩托车。他从来没有忘记自己小时候的那个梦想，那就是走遍整个美国。

之后，他又换了几辆摩托车，并独自骑着它去阿拉斯加，征服了2000多公里布满沙尘的公路。后来，他又一个人骑车穿越了西部荒原。

23岁那年，他对自己的家人和朋友说要骑车穿越美国。他的父母和朋友们都不同意，认为他疯了，但是他却不想放弃，因为他觉得如果现在不去，以后就不会再有时间。于是，他不顾众人的反对，一个人骑上车出发了。他的行装很简单，只有一点钱，一个电筒，一把防身的匕首，还有一张地图。

行程是艰苦的，他遇到了很多困难，有时要穿过荒无人烟的沙漠，有时要穿过茂密的丛林。有时好几天都见不到一个人影，只有他自己寂寞地骑着车，听着拂过耳畔的风声。有时还会遇到毒蛇猛兽，好几次他都与死神擦肩而过。那的确是一次伟大的冒险。

那次冒险之后的一个晚上，他骑车回家时被一个喝醉酒的司机撞倒，导致下身瘫痪。

后来，他多次回想起那次经历、那些冒险。他也很庆幸自己能在那个时候实现自己的梦想，不然的话他将不会再有机会，他不可能再骑着摩托车去走访同样的山路、同样的河流、同样的森林了。每当回忆起自己的那次探险经历，他感到自己非常的幸运，因为他可以在他有能力的时候实现自己的梦想。

将想法化为行动，才有不一样的人生。有想法后的行动，考验的是一个人的执行。

成功人士的最大特点是敢想敢做，敢想可以使一个人的能力发挥到极致，也可逼得一个人拿出一切勇气，排除所有障碍。敢想使人全速前进而无后顾之忧。敢想更敢干的人，常常会屡建奇功或有意想不到的收获。行动就是力量,唯有行动才可以改变命运。

只要行动,永远不晚

哈里·莱伯曼退休后,常去一家老人俱乐部下棋,消磨晚年时光。一天他又去下棋,女办事员告诉莱伯曼,他的那位棋友因身体不适,不能前来陪他下棋了。看到莱伯曼一副失望万分的样子,热情的女办事员建议他到画室去转一圈,如果有兴趣可以尝试画画。

莱伯曼听了后哈哈大笑:"你说什么,让我作画?我可从来没有提过画笔。"

然而在女办事员的坚持下,莱伯曼还是来到了画室。那一年,莱伯曼70岁,第一次摆弄起画笔和颜料。

回忆起这件事,莱伯曼感慨地说:"这位办事员给了我很大鼓舞,从那以后,我每天去画室。我又重新找到了生活的乐趣。在此之前,退休后的日子,是我一生中最忧郁的时光,没有什么比一个人等着走向坟墓更烦恼的了。"

提起画笔后,莱伯曼全身心投入,进步很快。

81岁那年,莱伯曼参加了一所学校专门为老年人开办的10周补习课,第一次学习绘画知识。第三周课程结束后,老人对任课教师、画家拉里·理弗斯抱怨说:"您对每个人讲这讲那,对我的画却只字不提。这是为什么?"

理弗斯回答说:"先生,因为您所做的一切,连我自己都做不到,我怎敢妄加指点呢！"最后，他还出钱买下了老人的一幅作品。

从此，老人更加勤奋了，对绘画倾注全部的热情。4年后，老人的作品先后被一些博物馆和许多收藏家收藏。美国艺术史学家斯蒂芬·朗斯特里评价莱伯曼是"带着原始眼光的夏加尔"。

在莱伯曼101岁时，洛杉矶一家颇有名望的艺术品陈列馆举办了题为"哈里·莱伯曼101岁画展"的展览。有400多人参加了开幕式，其中不少是收藏家、评论家和记者。

在开幕仪式上，莱伯曼对嘉宾们说："我并不认为我有101岁的年纪，而认为我有101岁的成熟。我要向那些到了60、70、80或90岁就自认为上了年纪的人表明，这不是生活的暮年。不要总去想还能活几年，而要想着还能做些什么，这才是生活！"

如果你认清目标，打定主意去做一件事，而且全力以赴、坚持不懈，那么十年以后，你就会变成另外一个样子。

"晚"之于成功，恰如挥一鞭之于千里马。然而在一鞭打在身上之后，是飞奔向前还是继续酣眠，就是我们不得不面临的抉择了。

千里之行始于足下，千里马不跨第一步，与驽马无异。彷徨、犹豫甚至气馁，只会让我们落后乃至失败。是做一匹真正的千里马，还是由千里马堕落为驽马，关键还是在于是否有行动。

古人言："亡羊而补牢，未为迟也。"很多已经步入社会的年轻人，觉得自己上学的时候没有好好读书，现在后悔不已，毕竟已经踏入社会，每天要忙于工作和养活自己，虽然知道应该及时充电，却总是以种种借口搪塞，或说服自己的路上徘徊着。

一家为年轻人开办的日语培训中心来了一位老者。

"您是给孩子报名的吗？"接待员问他。

老人回答说："不，是我要报名。"接待员愕然。

老人解释说："儿子在日本找了个媳妇，他们每次回来，说话叽里咕噜，我听着着急。我想同他们交流。"

"您今年高寿？"

"六十八。"

"您想听懂他们的话，最少要学两年。可您两年后都七十了！"

老人笑吟吟的反问："姑娘，你以为我如果不学，两年后就六十六了吗？"

学与不学，岁月终将流逝。有了开始就有了成功的希望，没有开始，就永远没有成功的可能。事情往往如此，大家总以为开始太晚了，就因此放弃。殊不知，只要开始，就永远不晚。

无论是二十几岁的年轻人抑或是迟暮的老人，都是按照岁月的年轮在前行，然而不同的是，有人主动站起来朝着自己的目标走，而有些人只是木然地躺着，全然不知自己想要怎样的人生。这就是为什么有人年纪轻轻就可以取得人生的大丰收，有人活了一辈子却依然一事无成的原因。

或许，你常常在想有一天要去做什么、学什么，可是始终没有开始，总是觉得好像已经来不及了，这种借口一直以来阻碍着你向上的脚步，不是没有能力，而是借口太多。在人的一生中可以学会些什么、拥有些什么或追求些什么都很难得，所以千万不要画地自限，只要及时开始，人生随时都会有很多收获。任何事情只要你开始去做，永远都不会太迟，不管成败与否，至少对自己有个交代，努力过了便没有遗憾。

机会常常会不经意地出现，你完全可以把握住它，将它变为有利的条件。而你需要做的事情只有一件：行动起来！

优秀的人不会等待机会的到来，而是寻找并抓住机会，让机会成为服务于他的奴仆。

懒惰的人总是抱怨自己没有机会，抱怨自己没有时间；而勤劳的人永远在孜孜不倦地工作着、努力着。有头脑的人能够从琐碎的小事中寻找出机会，而粗心大意的人却轻易地让机会从眼前飞走了。

我们不要做一个守株待兔的蠢人，要积极行动起来，不断为自己创造时机，只有这样，才能在人生的竞赛中获胜。

第六章
坚持就是美好，成功都是熬出来的

古往今来，成大事的人无一不是有着坚韧不拔的品格。卧薪尝胆的勾践、忍受胯下之辱的韩信、在篮球场上称霸一时的飞人乔丹，无数的名人都用自己的经历告诉我们一条亘古不变的道理：成功是熬出来的，你的坚持终将美好。

勾践：卧薪尝胆熬出春秋五霸

前496年，吴王阖庐听说允常逝世，就举兵讨伐越国。越王勾践派遣敢死的勇士向吴军挑战，勇士们排成三行，冲入吴军阵地，大呼着自刎身亡。吴兵看得目瞪口呆，越军趁机袭击了吴军，在樵李大败吴军，射伤吴王阖庐。阖庐在弥留之际告诫儿子夫差说："千万不能忘记越国。"

三年之后，勾践听说吴王夫差日夜操练士兵，将报复越国，便打算先发制人，在吴未发兵前去攻打吴。范蠡进谏说："不行，我听说兵器是凶器，攻战是背德，争先打是事情中最下等的。阴谋去做背德的事，喜爱使用凶器，亲身参与下等事，定会遭到上天的反对，这样做绝对不利。"越王说："我已经做出了决定。"于是举兵进军吴国。吴王听到消息后，动用全国精锐部队迎击越军，在夫椒大败越军。越王只聚拢起五千名残兵败将退守会稽。吴王乘胜追击包围了会稽。

勾践对范蠡说："因为没听您的劝告才落到这个地步，那该怎么办呢？"范蠡回答说："能够完全保住功业的人，必定效法天道的盈而不溢；能够平定倾覆的人，一定懂得人道是崇尚谦卑的；能够节制事理的人，就会遵循地道而因地制宜。现在，您对吴王要谦卑有礼，派人给吴王送去优厚的礼物，如果他不答应，您就亲自前往侍奉他，把自己也抵押给吴国。"勾践说："好吧！"

于是，勾践派大夫文种去见夫差，说："亡国之君勾践派臣子文种来请示大王：勾践请求为大王之臣，他的妻子为妾。请大王赦免勾践之罪，越国将把宝器统统奉献给大王。"

夫差见文种态度诚恳，言辞卑屈，便不顾伍子胥的竭力反对，答应了他的请求。

按照夫差的要求，勾践须在夫差手下做仆人，为夫差养马。夫差每次坐车出去，总是让勾践给他拉马，夫差以此来考验勾践是否臣服于他。

这对曾经身居君位的勾践来说，无疑是莫大的屈辱。也正是此事，表现出了勾践作为政治家的勇气和耐心。

勾践携妻子在吴国过了三年。在这三年中，勾践总是很小心地伺候夫差，做到百依百顺，显得比其他仆人还要驯服。

他相信勾践已完全臣服于他，不会再有反叛之心。

吴王赦免了越王，勾践回国后，深思熟虑，苦心经营，把苦胆挂到座位上，坐卧即能仰头尝尝苦胆，饮食也尝尝苦胆。还说："你忘记会稽的耻辱了吗？"他亲身耕作，夫人亲手织布，吃饭从未有荤菜。从不穿有两层华丽的衣服，对贤人彬彬有礼，能委曲求全，招待宾客热情诚恳，能救济穷人，悼慰死者，与百姓共同劳作。他卧薪尝胆，发愤图强，十年生聚，十年教训；另一方面，又给吴王奉献无数财宝，进贡西施这样的美女，使夫差耽于声色之中。后来又用离间计使夫差逼贤臣伍子胥自杀，除去了战胜夫差的最大障碍。最后，在勾践归国之后十八年，越国大军一举击败吴军，夫差被围困在姑苏山上，被逼自杀。

卧薪尝胆二十年，千古以来只有勾践一人！勾践忍人所不能忍之辱，受人所不能受之苦，千古以来也只有勾践一人！他苦心励志，发愤强国，创下了以小打大，以弱胜强，以卵击石的人间神话，他创下了人类君王史的奇迹！成功是熬出来的，只要刻苦自励、发愤图强，就没有战胜不了的困难。

王永庆：寒门小子的坚持

王永庆祖籍是福建省安溪县，那里土地贫瘠，王永庆的曾祖父因为日子过不下去，只得漂洋过海到台湾寻找生路。王家几代都以种茶为生，但只能勉强糊口。1917年，王永庆就出生在这样一个贫苦的茶农家中。

王永庆刚刚学会走路，就跟着母亲出外去捡煤块和木柴，希望能换点零钱，或者供自己家烧水做饭。童年的小永庆常常是饥一顿饱一。家里偶尔"改善生活"，煮一些甘薯粥，他也只能分到一小碗。王永庆7岁那年，父母取出多年积攒起来的几个铜板，把他送进乡里的学校去念书。别家的孩子第一天上学，都会穿上漂漂亮亮的新衣服，可王永庆还是平时的那一套，他穿的裤子是用面粉袋改做的。他头上戴的草帽早已破了，但还得靠它挡一挡烈日或风雨。他买不起书包，只能用一块破布包上几本书。他连鞋子都没有，总是赤脚在泥泞的山路上奔波！

就是这样的生活，王家也没能维持多久。小永庆9岁那年，他的父亲不幸卧病在床，全家人的生活重担都落到了母亲的肩上。王永庆看到母亲日夜不停地操劳，总想多帮母亲做点事。挑水、养鸡、养鹅、放牛……只要是他力所能及的，他都尽量多做。就这样，他勉强读到小学毕业，只得依依不舍地告别了学校。

王永庆的祖父劳苦了一辈子，只给孙子留下了一句话。他对王永庆说："种茶这一行，看来是难以为生的。就是饿不死，也吃不饱。你是读过书的人，希望你不要再困在这里，还是立志出门闯天下吧！"

15岁的王永庆，听了祖父的话，决心走出山区，去寻找一个能挣钱的地方，帮助母亲养活一家人。他一个人孤零零地来到台湾南部的嘉义县县城，在一家米店里当上了小工。聪明伶俐的王永庆，除了完成自己送米的本职工作以外，处处留心老板经营米店的窍门，学习做生意的本领。第二年，他觉得自己有把握做好米店的生意了，就请求父亲帮他借些钱做本钱，自己在嘉义开了家小小的米店。

米店新开，营业上就碰到了困难。原来，城里的居民都有自己熟识的米店，而那些米店也总是紧紧地拴住这些老主顾。王永庆的米店一天到晚冷冷清清，没有人上门。16岁的王永庆只好一家家地走访附近的居民，好不容易，才说动一些住户同意试用他的米。为了打开销路，王永庆努力为他的新主顾做好服务工作。他主动为顾客送上门，还注意收集人家用米的情况；家里有几口人，每天大约要吃多少米……估计哪家的米快要吃完了，他就主动把米送到那户人家。他还免费为顾客提供服务，如掏出陈米、清洗米缸等。他的米店开门早，关门晚，比其他米店

第六章 坚持就是美好，成功都是熬出来的

每天要多营业 4 个小时以上，随时买随时送。有时顾客半夜敲门，他也总是热情地把米送到顾客家中。

经过王永庆的艰苦努力，他的米店的营业额大大超过了同行店家，越来越兴旺。后来，他又开了一家碾米厂，自己买稻子碾米出售，这样不但利润高，而且米的质量也更有保证。

抗日战争胜利后，台湾地区的经济也开始发展，建筑业发展的最快。王永庆敏锐地发现了这一点，便抓住时机，抢先转向经营木材，结果获利颇丰。这个赤手空拳的农民的儿子，居然成了当地一个小有名气的商人。

这时，经营木材业的商家越来越多，竞争也越来越激烈。王永庆看到这一点，便毅然决定退出木材行业。那么，该干什么好呢？

20 世纪 50 年代初，台湾地区急需发展的几大行业是纺织、水泥、塑胶等工业。当时化学工业中有地位有影响的企业家是何义，可是何义到国外考察后，认为台湾地区的塑胶产品无论如何也竞争不过国外的产品，所以不愿向台湾地区的塑胶工业投资。出人意料的是，这时还是个名不见经传的普通商人王永庆，却主动表示愿意投资塑胶业！消息传出，王永庆的朋友都认为王永庆是想发财想昏了头，纷纷劝他放弃这种异想天开的决定。当地一个有名的化学家，公然嘲笑王永庆根本不知道塑胶为何物，开办塑胶厂肯定要倾家荡产！

其实，王永庆作出这个大胆的决定，并不是心血来潮，铤而走险。他事先进行了周密的分析研究，虽然他对塑胶工业还是外行，但他向许多专家、学者去讨教，还拜访了不少有名的实业家，对市场情况做了深入细致的调查，甚至已去国外考察过！他认为，烧碱生产地遍布台湾地区，每年有 70% 的氯气可以回收利用来制造 PVC 塑胶粉。这是发展塑胶工业的一个大好条件。

王永庆没有被别人的冷嘲热讽吓倒。1954 年，他和商人赵廷箴合作，筹措了 50 万美元的资金，创办了台湾地区的第一家塑胶公司。3 年以后建成投产，但如人们所预料的，立刻就遇到了销售问题。首批产品 100 吨，在台湾只销出了 20 吨，明显地供大于求。按照生意场上的常规，供过于求时就应该减少生产。可王永庆却反其道而行之，下令扩大生产！这一来，连他当初争取到的合伙人，也不敢再跟着他冒险了，纷纷要求退出。精明过人的王永庆，竟敢背水一战，变卖了自己的全部财产，买下了公司的全部产权，使台塑公司成为他独资经营的产业。王永庆有自己的计划。

第二年，他又投资成立了自己的塑胶产品加工厂——南亚塑胶工厂，直接将一部分塑胶原料生产出成品供应市场。

事情的发展，证明了王永庆的计算是正确的。随着产品价格的降低，销路自然打开了。台塑公司和南亚公司双双大获其利！从那以后，王永庆塑胶粉的产量持续上升，使他的公司成了世界上最大的 PVC 塑胶粉粒生产企业。

在这个世界上，没有任何一个人能随随便便成功。成功者给你看见的总是成功的风光，但你也许看不见在成功之外，他们都会有一个艰苦奋斗的过程。他们之所以成为成功者，并不是因为他们的命有多好，而是他们不安于现状，善于与命运抗争的结果。

乔丹：篮球飞人源于坚持

迈克尔·乔丹出生在黑人家庭，父亲詹姆斯在空军服役，母亲在纽约一家银行任职，因此，迈克尔·乔丹从小的家境还算不错。

他是詹姆斯·乔丹的第四个孩子，也是三个儿子中最小的一个。迈克尔·乔丹还有一个姐姐和一个妹妹。乔丹在母亲肚子里有5个月大的时候，医生检查发现他母亲有流产迹象，于是就要求乔丹的母亲开始卧床。这样，为乔丹能生下来，他的母亲足足在床上躺了5个月。到分娩的那天，又出现了难产，他的母亲很痛苦地才把他生下来。从他在母亲肚子里开始，种种迹象表明，乔丹都不会是一个健康的孩子，加上他在出生后鼻子老爱流血，父亲总认为他有某种重病，甚至怀疑他不会长大成人。幼年时期的乔丹，虽然没有像父亲预料的那样会夭折，但两次危险的事情差点要了乔丹的命。有一次，他从床上掉落在床后面，差点窒息而死；两岁时，他从地上捡起了两根电线，电流将他打出了两米多远。多灾多难的乔丹就这样渐渐长大。

少年的乔丹是顽皮的，他能骑在摩托车上从土丘上飞车而下，玩飞车表演。有一次，他偷偷拿斧头到外面去劈柴，结果斧头没砍中木柴，却砍到了自己的脚趾。他的父亲后来这样说："迈克尔总是故意跟我们作对。如果我们告诉他炉子烫人，不要碰它，他偏偏去碰它；如果他看见写有'油漆未干'的电线杆，他会伸手摸摸它是否真的没干。"到这个时候，没有人能看到乔丹有什么篮球天赋。随着社会环境的变好，一个黑人的孩子也能和其他孩子一道自由地玩耍了,他没有事的时候,就会到球场去练习跳跃、投篮,或者是和同学一起打棒球,或许是运动的缘故,15岁的乔丹,身高却长到了1米80。在乔丹的家族中,好像还没出第二个身高超过1.85米的人。这时的乔丹,不知为何喜欢上了篮球。

当时,乔丹有个最好的朋友叫罗里奥,罗里奥在体育运动方面比乔丹优秀,他惊人的弹跳让乔丹羡慕不已。因为都喜欢篮球,他们决定一起报名参加高中篮球队。当时美国的高中篮球队分为一队二队,一队代表学校打比赛,二队则是陪练。乔丹以为自己完全可以进入一队打主力,于是他和好友罗里奥一起报了名,结果他的朋友榜上有名,而他却名落孙山。伤心的乔丹去找教练问缘由,教练告诉他说:"你身高不够高,没有超过180。再说,你反应也不快,所以即使你球打得再好,以后也不可能进入NBA。"

乔丹很失望,在他的心中,自己未来要进北卡罗来纳州大学,如在高中连校队都进不了,以后根本无法进入大学篮球队打球,更不用说是NBA了。于是,乔丹这样对教练说道:"教练,我不上场打球,可是我愿意帮所有的球员拎行李。当他们下场的时候,我愿意帮他们擦汗。请你让我在这个球队,跟这些球员一起练球。"教练出于对他的同情,答应了乔丹的要求。

就这样,乔丹"进入"了高中校篮球队。队员在训练的时候,他会在下面为球队捡球、倒水;在球队比赛的时候,他为校队的队员看管衣服。只有在球队休息的时候,他才有机会练球,因此,他每天都是很早就来到球场,又是最后一个离开球场。乔丹练球比任何人都刻苦,苦练技术,他每天练球至少4个钟头,前两个钟头在二队练习前练习,后两个钟头在一队练习后练习。训练结束后他还给自己加码。有一天早上 8 点钟，篮球场的管理员跑去整理球场，发现有一个人倒在地上睡觉。他问道："你叫什么名字？"这个人好像很累的样子说："我叫迈克尔·乔丹。"实在是太累了！

乔丹刻苦地训练不仅使自己的球技突飞猛进，更使他的身高一下子到了 1 米 98，这时，

校队一队的大门再也无法拒绝他了。在高中校队，他的球技几乎超过了所有的队员，这时才有人发现："乔丹，可能就是未来的篮球新星。"

但是，那时的乔丹只知打球，对通往职业篮球生涯的路不知道去规划。当时许多篮球新星首先要与大学篮球队签约，然后再渐渐提高名声。乔丹具有了一名职业选手的资质，但他读到高中三年级时，还没有进入各大学篮球队发布的最有希望的新手名单，他因此很痛苦。于是，乔丹在进入高中三年级前，参加了阿巴拉契亚大学举办的篮球夏令营和北卡罗来纳大学篮球夏令营，教练是北卡州有名望的大学篮球教练迪思·史密斯。夏令营的学习又让乔丹的球技大长。后来有人竭力推荐乔丹到"五星篮球营地"学习，在那里，乔丹很快证明了自己的实力，他带球过人和投篮的本领让大家都吃一惊。《纽约时报》记者这样报道乔丹："他在投球以前竟然跳得那么高，就像无人防守一般。"这样，乔丹很快成了各大学一致认为最有潜力的未来新星，他也第一次认识到自己的前途所在。

1980 年，迈克尔正式进入北卡大学学习。北卡大学的篮球课是各高校篮球运动课程中最优秀的，有人称之为"大学篮球中的 NBA。"1982年 3 月，全美大学篮球联赛决赛在乔丹所在的北卡罗来纳大学和乔治城

大学之间展开，乔丹这时候只有 19 岁。这场比赛对北卡大学和乔丹来说都是一个转折点。

新奥尔良"超顶"体育馆内座无虚席，六千多名观众正焦急地等待 NCAA 冠亚军决赛开始的哨响。最后，乔丹在最后 32 秒绝杀对手，北卡大学队以领先 1 分的优势捧走了这届 NCAA 的冠军奖杯。从这天开始，乔丹开始悄悄走红。人们很难相信，几个学期以前乔丹还是个默默无闻的高中生；几个学期以后，他已成为北卡大学的英雄。

1984 年，21 岁的乔丹在 NBA 的选秀会上，以第一轮第三名被芝加哥公牛队选中，乔丹正式加入美国职业篮球队芝加哥公牛队。从此，美国 NBA 职业篮球联赛的"乔丹时代"就这样开始了。

很明显，乔丹在开始时，连成为一名普通运动员的条件都没有，更不用说能从事像篮球这样高对抗的运动了。任何事情的成立，它都需要一个基本的条件。对于一个篮球运动员来说，也要有一些基本条件。比如，从运动生理学的角度讲，足球运动员的基本素质，在身高体重、速度、协调性、柔韧性、控制身体重心的能力等方面都有一定的要求。如果我们从这些方面去判断乔丹，他开始时的基本条件，根本就不符合当一个篮球运动员。

很多人对自己资质的判断，往往只流于表面，人们常会忽视这样一个问题：在表面的往往是浮土，金子都是深埋在地底下的，它需要人力的挖掘。很显然，乔丹，正是挖掘了自己的潜能，才使自己成为 NBA 历史上划时代的球员。

所以，不论你是多么平常，那都是一个表象，不必为此感到失望，只要你不懈地去努力，你就会发挥出自己的潜力，熬出成功来。

赖斯：国务卿是从丑小鸭变成的

20世纪70年代时，美国的种族隔离制度还依然很盛行，而黑人女孩赖斯，则正和她的父母生活于伯明翰——一个被称为美国的"约翰内斯堡"的"爆炸城"，20世纪70年代作为种族隔离最严厉的地方而臭名昭著，一座充满恐惧、刁难和死亡的城市。

赖斯的童年自然也被所谓《黑人行为法》所维持的种族歧视侮辱过：她不能和白种人在同一张桌子上吃饭；她必须从后门拿她的汉堡；她不可以跟白人学生从同一个储水器中喝水；也不可以和她们用同一个洗手间；如果白人要坐这个座位或坐在同一排，她就必须让出自己的座位；她不可以和白人小孩在同一个公园里玩。

1963年11月15日的那一场暗杀——在一所教堂，四个小女孩，包括赖斯的小伙伴惨死于一场精心设置的爆炸——让一直以来在父母的悉心保护下的赖斯第一次深切地感觉到了比歧视和侮辱更恐怖的生命威胁。

这是冷酷无情的一课，让赖斯彻底地了解到：在伯明翰，白人小孩是天使，而黑人小孩的生命一文不值。

一个孩子的生活中充斥的都是这样的不平等、屈辱和恐惧，这是件很不幸的事，但不幸中的大幸是黑人小女孩赖斯有一对开明、智慧、勇敢的父母。

赖斯的父亲接受了神学教育，并获得了学位，而后在数所大学教学，成为伯明翰社区一个重要人物。而赖斯的母亲安杰利娜容貌美丽，气质优雅，是一个浅肤色的小巧美女，擅长演奏钢琴和管风琴。

他们尽可能地从各方面保护孩子们，不受大伯明翰地区族隔离制度的影响，不接触到社会上的种族隔离设施，并想办法来使生活变得非常舒服和满意。

赖斯的父母把全部的心血都倾注在这个可爱的孩子身上，把家庭传统、支持、力量、荣耀和对生活的信念，都潜移默化地灌输给小赖斯，来塑造她对生活的责任感。

他们希望女儿能够摆脱任何枷锁的束缚，不管是精神上的还是身体上的束缚。他们希望她拥有整个世界。因此，他们不仅给了她无限的热爱，并教会她一个无比重要的生存道理：黑人的孩子只有做得比白人孩子优秀两倍，他们才能平等；优秀三倍，才能超过对方。

父亲约翰·赖斯再三叮嘱女儿："即使你可能在餐馆里连一个汉堡包都买不到，但你仍然能当上美国总统。无论怎样，你必须付出两倍的精力才能和别人一样优秀。"

他给女儿解释道："种族隔离本来就存在，生活本来就是这样，但是不要让自己相信这是一个问题。我们会想尽一切办法让你和别的小孩一样有同等的机会。"

他叮嘱赖斯，每个人的幸福都是由自己创造的。只有知识才能使自己成为独立的、不依赖别人的、强壮的人。一旦你把知识放进在脑子里，就没有人可以把它从你身上抢走。而且通过知识，你可以驳倒先人的偏见，并把黑种人从枷锁中解放出来。

早在上学前，母亲安杰利娜就将赖斯的一天安排得就像在正常的教室里一样，但她的课程更严格。安杰利娜还想把赖斯培养成为一流的钢琴家。

于是，经常能看见母女二人，一起花很长时间探讨音乐、语言和艺术。赖斯为此特别崇拜母亲。她说："我的母亲美得惊人。她非常有天赋，是她带我进入艺术世界的。我记得在我 6 岁时她给我买了《阿伊达》的录音带。"

当赖斯年仅三岁，手指还够不到琴键的时候，她的母亲就开始教她古典钢琴课。因为她的父母要她延续这个家庭一个古老的传统，她的曾祖母和外祖母也能弹得一手好钢琴。

赖斯经常待在她外祖母马蒂·雷的家，每当她外祖母在演奏钢琴的时候，赖斯就像着了迷似的。当她还不能完整地说出一句话的时候，她就已经能够识谱并开始在大钢琴上练习巴赫、莫扎特和柴可夫斯基的曲目了。

在父母的推动下，赖斯成了一个多才多艺的人。当她还是小女孩的时候，她的求知欲就很强，不停地学习和发现新的东西，并且总能成为人群中最优秀的那一个。

另外，父母还利用一切机会，开阔她的视野。

赖斯像一颗落入沃土里的种子吸收着浩瀚的知识，她幼小而敏感的心灵，在知识的海洋里自由翱翔。父母的这种奉献既是出于爱，也是他们长期以来家族的观念使然。

她解释说："我的父母非常有战略眼光。我充分完善了自身，将白人世界所推崇的事情做得非常好，因此种族歧视者不能拿我怎样。我可以用白人社会的方式来对付他们。"

而父亲约翰则花大量时间和赖斯讨论当今国家大事，并将其与历史结合起来。从小便培养了赖斯的政治敏锐性。

赖斯说："我向母亲学习音乐，向父亲学习体育和历史。"

虽然美国的社会中女性享有更多的自由和范围更广的权力，在各行各业的领域都有优秀的女性担当着重要的角色，但能在国家领导人中占有一席之地的毕竟还是凤毛麟角。赖斯15岁上大学，26岁成为斯坦福大学的讲师。1993年，她出任斯坦福大学教务长，成为该校历史上最年轻的教务长，也是该校第一位黑人教务长。

不过年轻的赖斯没有就此止步，她依旧不断地前进，并于2001年出任美国总统国家安全事务顾问，成为美国历史上担任这一职位的第一位黑人女性。

2004年11月15日，德高望重的美国前国务卿鲍威尔离任，11月16日，布什总统宣布任命赖斯为国务卿，赖斯成为有史以来第一位非裔黑人女国务卿。

赖斯凭借自己的聪明才智、自信、勇气和永不停止的上进心为自己开拓了一条光辉的道路。的确，无论是横看赖斯的优秀出众，还是纵观赖斯的杰出成就，都可以看到进取向上的精神在她成长的道路上所刻画的痕迹。

撒切尔：铁娘子的卑微

玛格丽特·撒切尔，1925年10月13日降生在离伦敦100余英里的格兰萨姆市的一个杂货商的家庭。当初谁也没有想到，这个出身卑微的小女孩，后来竟会是掌管大英帝国命运的国家元首！

玛格丽特·撒切尔的父亲费雷德·罗伯茨是个出身贫困的杂货铺小

店主，靠自己的努力维持一家人的生活。直到二战结束，她父亲才买上第一辆汽车——他人用过的福特汽车。后来父亲靠不懈奋斗，跻身于仕宦之列，担任过议员、市长、法官等职。就是在这样一种境况下，这位父亲从小就让撒切尔明白并坚信："游手好闲是罪恶，自给自足是乐事，只要有努力就会得到回报。"正如撒切尔夫人自己回顾说："改善自己的境遇是自己的责任，要通过自己的努力做到这一点。样样事情都要盘算到。我父亲不同城镇上那些把钱都花光、想不到要未雨绸缪的人。"

父亲把他坚强奋斗的精神、能言善辩的天赋以及对法律和政治的酷爱都言传身教给了他的小女儿玛格丽特。

父亲没有受过正规教育，为了使女儿能受到良好教育，他把玛格丽特送进当地最好的学校。5岁时，玛格丽特就被送去学钢琴。父亲还带她去听音乐会、演讲、时事报告，只要是有教育意义和文化性的活动，都让她参加。

玛格丽特从小聪明伶俐。在学校，她学习刻苦，成绩优异，每年考试她的成绩几乎都是位居第一。她穿着整洁，彬彬有礼，特别自信。

罗伯茨对两个女儿要求严格，寄予厚望。他从来不能容忍女儿说"我不能""我认为我做不到"或"太困难"等话。他教育女儿唯一的一句话是："如果事情困难，那就更有理由去做！"

父亲的这句话，已经融入玛格丽特的血液与生命之中，它影响了玛格丽特一生！

中学毕业前夕，由于受一位化学教师的影响，玛格丽特决定选读化学系。那时，在英国，大学里的化学系历来是很少有女生敢于问津的。玛格丽特的志向，使她第一次显示出与众多女性的不同之处。经过一年的艰苦拼搏，她终于得到了牛津大学萨默维尔女子学院化学系的录取通知书。

一进入大学，就同政治结下了不解之缘。她是校内的活跃分子，她参加了学校里的保守党俱乐部。惊人的毅力和勤勉的精神使她很快成为该俱乐部的主席。每到星期五晚上，这个协会就举行娱乐活动，接待内阁大臣，请他们演讲。玛格丽特因此结识了众多保守党知名人士，她的组织能力和辩论才能也由此得到了锻炼和提高。

大学毕业后，玛格丽特曾在一家塑料公司当过化学师，后又到莱昂斯公司当过化学实验员，但她的目光始终在政治舞台上，她参加了当地的保守党协会，继续参与政治活动。

1949年，年仅24岁的玛格丽特作为保守党达特福区候选人参加竞选，虽最后被工党所挫败，但她的毅力和顽强的精神给人们留下了深刻的印象。

40年后，在她当选为保守党领袖后举行的一次记者招待会上，一位记者请她谈一谈取得胜利后的感想，铁娘子坦然回答："因为我用心去做了，所以胜利必然属于我！我受之无愧！"

可以说，没有任何家庭背景的玛格丽特，之所以能从默默无闻成为一个思想敏锐而意志坚强的政治家，她少女时期走过的这段漫长的、坚定百倍的道路早就已为她未来做好了准备。

鲁冠球：一年做一件大事

鲁冠球（1945年1月17日—2017年10月25日），可以说是中国企业界常青树。他在 20 世纪 60 年代末的计划经济时代就开始创业，先是办米面加工厂，后来又挂靠生产队名下开铁匠店……一路风雨中走来，成就了万向集团的辉煌。

鲁冠球经常说的是：千里之行，始于足下。在现实与梦想之间的距离，要靠脚步来丈量。鲁冠球是如何做的呢？

他坦言自己是"一天做一件实事，一月做一件新事，一年做一件大事，一生做一件有意义的事。"

鲁冠球所谓的"一生做一件有意义的事"，其实就是我们平常所说的人生理想或目标。几乎每个人都会有自己的人生理想与目标，与其每天高喊伟大的口号，不如踏踏实实地做一件实事。万丈高楼平地起，成功是累积而成的。每天晚上不妨反省一下自己，今天你做了件什么实事？明天打算做件什么实事？

我们很多人其实都有伟大的志向，但不少人并没有为他的志向尽力。志向伟大，势必有实现的难度，不是一蹴而就的事情。于是有人在志向面前懵懂了，不知如何下手。结果空怀志向，任时间白白流逝，最终志向还是停留在脑海中，事情仍是一事无成。

光空口说我将来要当中国的比尔·盖茨、松下幸之助谁不会？你不为这个目标一点一点努力前进，永远都不会有实现的机会。人有了大的目标，要学会把大目标分散成小目标，贯穿到日常的工作当中。用"一天做一件实事"来垒成"一生做一件有意义的事"。千里之行，始于脚下。现实与梦想之间的距离，终究要靠脚步来丈量。

再说"一年做一件大事"。鲁冠球所谓的"大事"，形同我们平常所说的中期目标。一个人一生的目标可能很大。因为大，我们常常会有无从下手的感觉。1984年,在东京国际马拉松邀请赛中,名不见经传的日本选手山田本一出人意料夺得了世界冠军。当记者问他凭什么取得如此惊人的成绩时,他说了这么一句话:"凭智慧战胜对手。"当时,不少人都认为这个偶然跑到前面的矮个子选手是在"故弄玄虚"。10年以后,这个谜底终于被解开了。山田本一在他的自传中透露了秘诀:"每次比赛之前,我都乘车把比赛的路线仔细看一遍,并把沿途比较醒目的标志画下来。比如第一个标志是银行;第二个标志是一棵大树;第三个标志是一座红房子……这样一直画到赛程的终点。比赛开始后,我就奋力地向第一个目标冲去,过第一个目标后,我又以同样的速度向第二目标冲去。起初,我并不懂这样的道理,常常把我的目标定在40千米外的终点那面旗帜上,结果我跑到十几公里时就疲惫不堪了。我被前面那段遥远的路程给吓倒了。"

我们不妨用爬楼来进一步说明中期目标的高明之处。假设你要去拜访一个重要客户,不巧到他所在的写字楼时电梯出现故障停用了。客户在30层,你只有爬楼梯上去。很难是吗?你面对那么高的楼房一定有畏难情绪,甚至可能会产生放弃的想法。但你若转换一下思路,把这30层的高楼分成6段,你也只不过爬6次5楼而已。爬5楼难吗?对于健康人来说一点也不难。好,那你就开始爬吧。就像山本田一那样,将大目标分解为多个易于达到的小目标,一步步脚踏实地,每爬5层楼,你就体验了"成功的感觉"。而这种"感觉"将强化了你的自信心,并将推动你发挥稳步发展潜能去达到最终目标。

刘永行：办法总比问题多

刚创业时，刘永行早上4点钟就起床，打扫卫生，蹲在地上观察小鸡，做记录。常常一蹲就是两个小时，待在棚子前一动也不动。

育新良种场一开始是采取两条腿走路的模式，一方面研究鹌鹑的养殖技术，另一方面利用人工孵化器孵雏鸡售卖。刘永行和兄弟们小心翼翼地侍候着承载他们致富梦想的鸡蛋和鹌鹑蛋，希望这些蛋可以早日孵出金蛋来。然而天有不测风云，刚创立的事业，很快就遇上了一场"灭顶之灾"，险些将他们稚嫩的梦想幼芽摧毁。

1983年4月的一天，资阳市的一个专业户找到他们，一下子就下了4万只雏鸡的订单。这可是笔大买卖，兴奋的刘氏兄弟马上借了一笔数额不少的钱，购买了4万枚种蛋。万万没有想到的是，2000只雏鸡孵出来交给这个专业户之后不久，他们便听说这个专业户跑了。他们去追款，发现交给这个专业户的2000只雏鸡被提后因养鸡人饲养不当全部死亡，对方已经是倾家荡产。

下单的人已经跑了，他老婆跪在地上，让刘永行兄弟放过他们一家。看到这样子，刘氏兄弟也只好放弃追究责任。但近4万只小鸡马上就要破壳而出了。孵化出来的雏鸡怎么办？卖掉吧，一时找不到客户，自己留着又无力负担庞大的饲养成本。去借钱渡过难关吗？这根本就是妄想，4万枚种蛋的钱还是说马上还，求爷爷告奶奶才勉强借来的。"我们真的是绝望了。"回忆起当时的情景，刘永行的语气中还是透露出一丝悲凉。

强者与弱者一样，在巨大的打击之下也会绝望。但强者在绝望之后往往会在绝望中寻找希望。而弱者，只会在绝望中萎靡与沦落。雏鸡自养是绝对不可能的，只能是卖出去。刘永行沿着"卖雏鸡"这个思路，想了很久，觉得要解决问题、摆脱困境，只有把雏鸡卖给城里人一条路可走。于是，兄弟四人连夜动手编起了竹筐。那时候，老四永好尚在成都上班，老三永美（陈育新）要照看近4万只小鸡的良种场，老二刘永行带头挑鸡筐，叫卖小鸡以自救。他经常是天没亮就起床，蹬3个小时的自行车，赶到20公里以外的农贸市场，扯起嗓子叫卖。他们兄弟几个靠卖雏鸡换回的钱，投入到未卖出的小鸡的口粮中。就这样，雏鸡在卖出出的同时，也保证那些未及时卖出的雏鸡不至于饿死。就这样连卖带送，将近4万只雏鸡终于被顺利卖出去了。渡过难关后，兄弟四人还掉了借款，当初的本钱1000元只剩720元。

"不找借口，找方法。"这句话经常挂在刘永行口头。当然，他不是口头说说而已，更多的是落实在行动上。在世界上，最容易做的事，大约就是找借口了。

——是他害了我，所以我的生意失败。
——我个子太矮，所以没有女孩子喜欢。
——我没有本钱，所以赚不到大钱。
——我没有靠山，所以升不上去。
——我学历太低，所以找不到工作。

实在没有借口，我们甚至还能说：我命不好。把看不见摸不着的命运拿来作借口。

所有的问题，无论是大还是小，都可以毫不费力地找个借口，轻描淡写地把它"解决"掉。于是，我们就可以心安理得，可以安于现状，可以为自己解脱。就像狐狸吃不着葡萄，它就找出一个美丽的借口——葡萄是酸的，非常轻易地把问题给"解决"了。然而，借口好找，存在的问题却始终还在。很多人都讥笑狐狸的可怜，但自己其实也在有意无意中扮演一只找借口的狐狸。

很少有问题能够自行消失的，遇到问题就逃避的人，如同鸵鸟将头埋在沙子中一样愚蠢。而且，问题在很多时候还会因为不处理而恶化。在问题面前，我们不要总是想找借口，要积极地想办法。只要将思考的方向朝解决问题的方向挺进，或许一盘死棋也会活起来。

问题并不可怕，一个真正自信、想提升自己的人，不仅不会躲避问题，而且还会欢迎问题、挑战问题、解决问题。其实人的一生就是不断地解决一连串问题的过程。在这个过程中，我们将问题踩在脚下，也就垒高了自己。

世界是丰富多彩和变化不定的，但却是井然有序的。与之相应，在人类社会的发展过程中，也呈现着一种从无序到有序的趋向。人生中的问题管理也不例外，而且正是这种规律性使得我们的努力成为可能，使我们对问题管理的探讨成为一件有意义的事。每个人都有可能把自己训练成为一名问题管理的高手。虽然不同问题的解决方法千差万别，但它基本上可分成三步走。若能仔细研究这些步骤，判断力必能获得相当的改善。

第一步：找出问题核心

一个简单的例子，如果有人因为靴子磨脚，不去找鞋匠而去看医生，这就是不会处理问题，没有找到问题的关键所在。当你在工作与生活中遇到问题时，应该想想这个例子，一定要把握住问题的核心。能够找出问题的核心，并简洁地归纳总结出来，问题就已解决一大半了。

再回到刘永行解决问题的例子。他当时要是不把重心放在"卖雏鸡"而是放在索赔或四处求爷爷告奶奶的借钱贷款补窟窿上，估计问题最终会因得不到有效的解决而扩大，最终还可能发展到无法挽回、不可收拾的境地。

第二步：分析全部事实

在找到真正的问题核心后，就要设法收集相关的资料和信息，然后进行深入的研讨和比较。应该有科学家搞科研那样审慎的态度，解决问题必须采用科学的方法，做判断或做决定都必须以事实为基础，同时，从各个角度来分析辩明事理也是必不可少的。

仍以前面刘永行解决问题的思路来说，他面对天天张口要吃饲料的小鸡，零卖给农民显然不可取，那时候正是春耕的农忙时节，农民不会要。而且农民更习惯于用自家的鸡来孵鸡仔，这样不用花钱。而卖给专业户一时又找不到。而城里人呢，那时的城里人习惯在自家阳台或空地上笼养一些鸡，他们手里有余钱，也不会自己孵鸡，同时也没有农忙这件事。

第三步：谨慎做出决定

在做完比较和判断之后，我们要根据事情的紧急程度做出结论。情况紧急的，当然是快速决定、马上执行。如果事情不是十万火急，下结论不必过早。人对事物的认识总会受时间、空间的局限，而我们面对的是变化的、运动着的世界，因此，我们经常会遇到因考虑不周、鲁莽行动而造成损失的情况，所以我们遇事要"三思而后行"。要知道，许多矛盾和问题的产生，都是冲动、未经深思熟虑的结果。当然，我们所说的谨慎，并非一味拖延。

总之，办法总比问题多。一个人解决问题的水平有多高，他的生存能力就有多大！